LEICHTES UNBEHAGEN
VON MENSCHEN UND ANDEREN TIEREN

CORD RIECHELMANN

LEICHTES UNBEHAGEN
VON MENSCHEN UND ANDEREN TIEREN

MIT ARBEITEN VON ROSEMARIE TROCKEL

Herausgegeben von Brigitte Oetker

Verlag der
Buchhandlung Walther und Franz König

Morning Glory, 2022

VORWORT

„Es wäre ein Fehler zu glauben, die Menschen seien zu einem bestimmten Zeitpunkt ‚schlauer' geworden, und sie hätten zuerst die Sprache und dann die Gesellschaft erfunden."
Gary Snyder in *Lektionen der Wildnis*

Obwohl in den letzten vierzig Jahren weit über die Hälfte aller Vögel und Säugetiere aus der Welt verschwanden, sind uns Tiere seit ein paar tausend Jahren nicht so nah gekommen wie eben in den letzten Jahrzehnten. Und das hat einen doppelten Grund. Es war noch nie so leicht, Tiere mit dem Handy und anderen Aufnahmegeräten in ihrem täglichen Leben in Bilder zu bannen und sie über das Internet zu verbreiten, sodass die Bildproduktionen tatsächlich als ins Unendliche steigerbar scheinen. Allerdings bedeutet das keinen Widerspruch zur realen Endlichkeit und dem Niedergang der Tierpopulationen.

Zudem sind die Metropolen in den westlichen Gesellschaften von Chicago über Manchester bis Madrid zu Fluchtpunkten der Artenvielfalt geworden – und werden es weiter bleiben. Erstaunliche Begegnungen wie mit Nilgänsen in Frankfurt am Main, Wildschweinen in Florenz oder Papageien in Düsseldorf, in Schwärmen so groß, wie man sie bisher nur aus Melbourne oder Sidney kannte, gehören mittlerweile zum Alltag.

Tiere tauchen in Kontexten und Umwelten auf, in denen man sie nicht vermutet hatte bzw. die – wie die Städte – errichtet worden waren, um sie fernzuhalten. In den meisten Fällen bleiben solche Treffen so unerwartet, wie die Millionen Stare, die Rosemarie Trockel zufällig im Herbst in Neapel bei ihren Flugspielen beobachtete. Deren Rhythmen und Choreographien hat sie in ihrem Film *Napoli* festgehalten und die amöbischen Flugbewegungen der Vögel mit dem Song *Third Stone from the Sun* von Jimi Hendrix zusammenfügt. Daraus folgt im Film eine Parallelbewegung der Kunst der Vögel mit der von Hendrix' Band, die den Sound Hendrix' weder aus den Bewegungen der Vögel hervorgehen lässt noch umgekehrt die Vögel als Illustration der Musik missbraucht.

Rosemarie Trockel hat sich über alle Werkphasen immer wieder mit der Natur und mit der Situation von Tieren auseinandergesetzt – von ihren Affenporträtzeichnungen über das berühmte *Haus für*

Schweine und Menschen, das sie zusammen mit Carsten Höller für die *documenta X* konzipierte, bis zum Haus für Läuse. Natur und Tiere bevölkern ihr Werk dabei so wie andere gesellschaftliche Themen und Menschen auch. Sie gehören auf eine Weise dazu, die weder pittoresk noch illustrativ ist. In dem Sinn sind auch ihre Arbeiten in diesem Buch keine Illustrationen, obwohl das nicht ausschließt, dass sie Korrespondenzen zu den Texten herstellen.

Die Texte basieren zum großen Teil auf einer seit sieben Jahren in der *Frankfurter Allgemeinen Sonntagszeitung* erscheinenden Kolumne, in der ein bestimmtes Lebewesen der Woche in seiner Lebenswelt vorgestellt wird. Eine der leitenden Grundideen ist dabei, dass wir überall in der Natur soziale Ordnungen finden können und wir beim genauen Hinschauen auf Fähigkeiten stoßen, deren Bedeutungen uns oft nur noch nicht einleuchten. Der Philosoph Gilles Deleuze z. B. mochte Tiere, weil sie fortlaufend Zeichen in die Welt senden, ohne einen gleich mit Kommunikation belästigen zu wollen.

Cord Riechelmann

Survivante, 2022

Morgengrauen, 2022

Melancholia, 2022

Als Eduardo Viveiros de Castro seine Feldstudien unter den Indigenen Amazoniens begann, interessierte er sich als frisch gebackener Anthropologe „natürlich" nur für Menschen und in keiner Weise für Tiere. Das musste er aber sehr schnell ändern. Weil die Bedeutung, die Tiere im Empfinden, Denken und Leben der Amazonasindigenen hatten und haben, für den teilnehmenden Beobachter Viveiros nicht zu übersehen war.

Tiere spielen nicht nur als systematische Einheiten, als Arten im Leben der Indigenen eine Rolle. Sie sind als empfindende, denkende Wesen, die situationsbedingt einen Standpunkt einnehmen können, Teil der Überlegungen und Handlungen dieser Gesellschaften. Tiere sind als Subjekte sozusagen stimmberechtige Teilnehmer in den indigenen Gesellschaften. Mit ihnen muss man rechnen, wenn man im großen Wald agieren will, denn ihre Seelen sind nervös, launisch und verwundbar wie die der Menschen auch. Wobei die Verwundbarkeit der Tiere auch den falschen oder schlechten symbolischen Gebrauch durch die Menschen einschließt. Das heißt, eine falsche oder üble Rede gegenüber Tieren kann genau die gleichen Folgen haben, wie es eine üble Nachrede über Menschen auch haben kann, wenn sie in die betroffenen Ohren gelangt. Wo die Tiere aber mithören, mitdenken und mitempfinden, sind sie auch ein notwendiger Bestandteil der Empfindungen und des Denkens menschlicher Individuen.

Als er seine Beobachtungen in abendländischen, also westlich-europäischen Wissenschaftstext übersetzte, konnte Viveiros daraus nur schliessen, dass sich die Kosmologie, die Weltbetrachtung und das Weltdenken der Indigenen in keiner Weise auf das dualistische Schema Natur-Kultur reduzieren ließ. In Amazonien waren offenbar in den Denk- und Handlungsprozessen der Indigenen Kräfte am Werk, die Viveiros mit den Dualismen des westlichen Denkens im Allgemeinen wie auch mit den Dualismen seines Fachs, der Anthropologie, nicht fassen konnte. Was da aber nun im Unterschied zu unserem, dem westlich-europäischen Denken, dem Viveiros sich auch als Brasilianer zurechnet, am Werk ist, kann man an zwei Werken Viveiros, den *Kannibalischen Metaphysiken* und dem mit der Philosophin Deborah Danowski verfassten *In welcher Welt leben? Ein Versuch über die Angst vor dem Ende,* sehr gut studieren.

Dabei bekommen beide Bücher – die *Kannibalischen Metaphysiken* sind zuerst 2015 auf französisch und *In welcher Welt leben?* 2014 auf portugiesisch erschienen – eine drastische Aktualisierung.

Die fast eine Million Arten, die nach dem letzten Artenschutzbericht vor dem Aussterben stehen und immer wieder Schlagzeilen machen, hätten die Indigenen Amazoniens nicht anders wahrnehmen können als das Verschwinden ihrer Gesellschaften selbst, weil die Arten als vielmillionenfache Seelensubjekte ja Teilnehmer dieser Gesellschaften sind. Und in dieser Tatsache liegt sozusagen die doppelte Hoffnung, die man aus Viveiros Büchern schöpfen kann. Viveiros hat einmal auf die Frage, was man von den Amazonasindigenen lernen könne, knapp geantwortet: „Wie man Weltuntergänge überlebt." Denn die Welten der Amerindianer, wie die amerikanischen Indigenen auch heißen, seien seit der Ankunft der Spanier in Amerika schon mehrmals untergegangen, ohne dass die Kulturen der Indigenen verschwunden seien. Dabei übersieht Viveiros aber weder, dass der große Amazonaswald bereits so etwas wie der letzte Rückzugsraum der Indigenen ist, die ursprünglich die Küstenregionen Südamerikas besiedelten. Noch verdrängt er die aktuelle Lage, nach der die Waldvernichtung seit dem Amtsantritt des offen faschistischen neuen brasilianischen Präsidenten eine nie vorher gesehene Geschwindigkeit erreicht hat. Und auch, dass der Präsident die für die indigenen Schutzgebiete zuständige Behörde dem Landwirtschaftsministerium untergeordnet hat, ist alles andere als Symbolpolitik.

Viveiros ist schon länger auch ein Ziel roher Angriffe von Gegnern der Schutzpolitik von Wald und Indigenen bis hin zu Todesdrohungen. In einem persönlichen Gespräch vor zwei Jahren in Frankfurt am Main bemerkte Viveiros, angesprochen auf den entschieden nicht-apokalyptischen Ton seiner Vorträge und Texte, dass man ohne einen unerschütterlichen Optimismus nicht an einer nicht-narzisstischen Anthropologie und dem Entwurf einer wirklich offenen, nicht-perfekten und nicht-totalitären Gesellschaft arbeiten könne. Woraus man auch folgern kann, dass für Viveiros die gängigen Weltuntergangsvorstellungen schlicht zu narzisstisch sind.

Auch deshalb gehört es zu den Schönheiten seines „anthropologischen Gedankenexperiments", als das er seine empirie- und theoriegesättigten Arbeiten bezeichnet, dass er sich nicht vom aktuellen Selfie-Narzissmus blenden lässt. In einer Welt, in der der aktuelle Stand der Artenvielfaltsvernichtung ebenso wie die Klimadaten die düstersten Prognosen von vor 15 Jahren übertreffen, überschreibt Viveiros sein Projekt nur mit: *Anti-Narziss. Von der Anthropologie als mindere Wissenschaft.* Und in dieser minderen Wissenschaft geht es um nichts Geringeres, als um das, was die Anthropologie den Völkern, die sie erforscht, in begrifflicher Hinsicht schuldet. Und das heißt, dass diese Wissenschaft uns nicht zu uns hinführen soll, sondern von uns weg. Denn eine wahrhafte Anthropologie „wirft uns von uns selbst ein Bild zurück, auf dem wir uns nicht erkennen, da jede Erfahrung einer anderen Kultur uns die Gelegenheit zum Experiment mit unserer eigenen Kultur bietet", wie er in den *Kannibalischen Metaphysiken* schreibt. Und zu dem Experiment des Anti-Narziss gehört auch die Veranschaulichung indigener Wissenspraktiken als Grundlage einer brauchbaren anthropologischen Theorie der Gegenwart. Viveiros beginnt sie mit einer Parabel, die Claude Lévi-Strauss erzählte: Als einige Jahre nach der Entdeckung Amerikas die Spanier Untersuchungskommissionen zu den großen Antillen schickten, um zu erforschen, ob die Eingeborenen eine Seele besäßen, gingen Letztere daran, weiße Gefangene einzugraben, um zu prüfen, ob ihre Leiche der Verwesung unterläge.

Lévi-Strauss erkannte in diesem Konflikt der Anthropologien eine barocke Allegorie, nach der eine der typischen Manifestationen menschlicher Natur in der Negation ihrer eigenen Allgemeinheit besteht. Eine Art angeborener Geiz scheint dabei die Ausdehnung der Prädikate der Menschlichkeit auf die Spezies als Ganzes zu verhindern. Interessant ist die verschiedene Gewichtung von Seele und Körper in den Untersuchungen von Europäern und Indigenen. Während die Europäer nie daran zweifelten, dass die Indios einen Körper hätten – Tiere haben schließlich auch einen –, hatten die Indios keinen Zweifel daran, dass die Europäer eine Seele hätten, in ihrem Denken haben schließlich auch Tiere und Totengeister eine Seele. Der große Unterschied betrifft den Körper. Für die Europäer gehört er zum Angeborenen, zur Natur, während die Seele das Formbare, das Konstruierte ist. Die Indigenen aber haben keinen Einfluss auf die Seele als Form, bei ihnen ist es der Körper, der in der Verantwortung der Akteure liegt. Der Körper muss gegen die angeborenen Gründe geformt und konstruiert, also „gemacht“ werden.

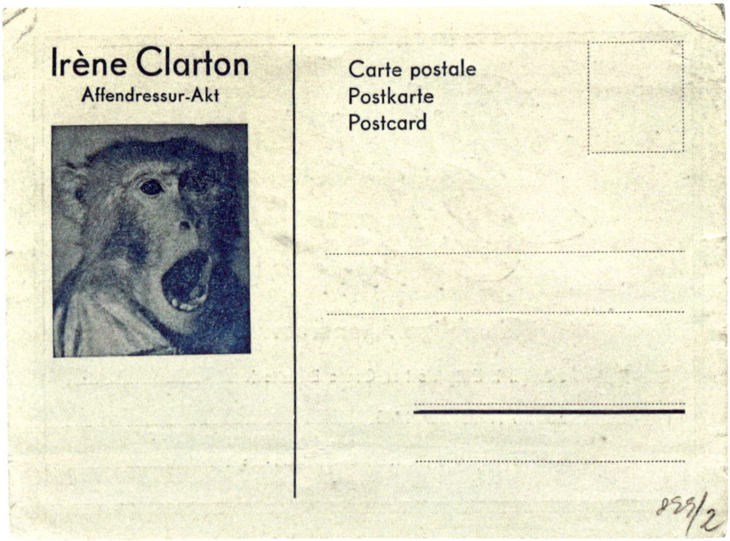

Training, 2022

Und genau an diesem Punkt kommt die Praxis der Kannibalen in Viveiros Konzept. Für die Tupinamba, ein Sammelname für die vorkolonialen Indigenen Südamerikas, war der Andere kein Spiegel, sondern ein Ziel oder Schicksal. Es handelte sich im Kannibalismus um ein elaboriertes System aus Gefangennahme, Hinrichtung und zeremoniellem Verschlingen von Feinden. Die Kriegsgefangenen durften dabei bis zu ihrem Tod noch lange auf dem Dorfplatz mit ihren Feinden zusammenleben. Sie wurden gut behandelt, es war üblich, ihnen Frauen aus der Gruppe als Gattinnen zu geben. Die Gefangenen wurden also in Schwäger transformiert, Feind und Schwager bezeichnete in alten Tupi-Sprachen dasselbe Wort. Für Viveiros zeigte sich im Kannibalismus und in der damit verbundenen indigenen Art der Kriegführung „eine paradoxale Bewegung der wechselseitigen Selbstbestimmung vom Standpunkt des Feindes“.

Der Standpunkt des Feindes wurde durch die Einverleibung eine vitale Bedingung der Selbstbeschreibung. Und aus dieser Bewegung entwickelte Viveiros die Idee, dass das Innen des gesellschaftlichen Körpers vollständig durch die Vereinnahmung symbolischer Ressourcen von außerhalb – Namen und Seelen, Personen und Trophäen, Wörter und Erinnerungen – konstituiert wird. „Indem er als Prinzip die Einverleibung feindlicher Attribute wählt, gelangt der amerindianische Sozius dahin, sich eben nach diesen Attributen zu definieren, zu bestimmen", schreibt Viveiros. Die primitive Gesellschaft erscheint als Gesellschaft ohne Innen, die allein „außerhalb ihrer selbst ist".

Für Viveiros liegt in diesem Verhältnis der Indigenen Südamerikas zum Anderen das vom westlichen Denken abweichende, das nicht totale Verständnis ihrer Gesellschaften begründet. Gegen Emile Durkheims Vorstellung, dass der Glaube des Stammes zugleich der Glaube an den Stamm, das Sein und die Erhaltung des Seins des Stammes in seiner ausschließenden Totalität ist, erkennt Viveiros im Selbstverständnis der „Wilden" Südamerikas eine grundlegende Unzulänglichkeit in ihrem Selbstverständnis als Stamm. Zu bezweifeln, dass die Wilden dieses Götzenbild der Totalität ihres Stammes, verehrten, bedeute zugleich die Vorstellung von der Gesellschaft als einer reflexiven und identitären Totalität, die sich durch die grundlegende Geste des Ausschlusses eines Äußeren begründe, in Zweifel zu ziehen, schreibt Viveiros. Man hat damit einen der zentralen Punkte von Viveiros Denken der indigenen Gesellschaft benannt und gleichzeitig den Schlüssel dafür gefunden, warum Viveiros in der englisch-, französisch- und spanischsprachigen Welt weit über sein Fach hinaus in Kunst, Philosophie und Politik seit Jahren Wirkungen zeitigen konnte.

Aus der Konzeption der indigenen Gesellschaften als vor allem unvollständig und damit natürlich auch als unabgeschlossen, folgt aber wesentlich mehr als nur ein an den Rändern durchlässiges Modell von Stamm oder Gesellschaft. Ihre Gesellschaftsform kannte keine Totalität, sie setzte keine identitäre Monade oder Blase voraus, die obsessiv ihre Grenzen festlegt und das Äußere als Spiegel für eine Bewegung mit sich selbst benutzt.

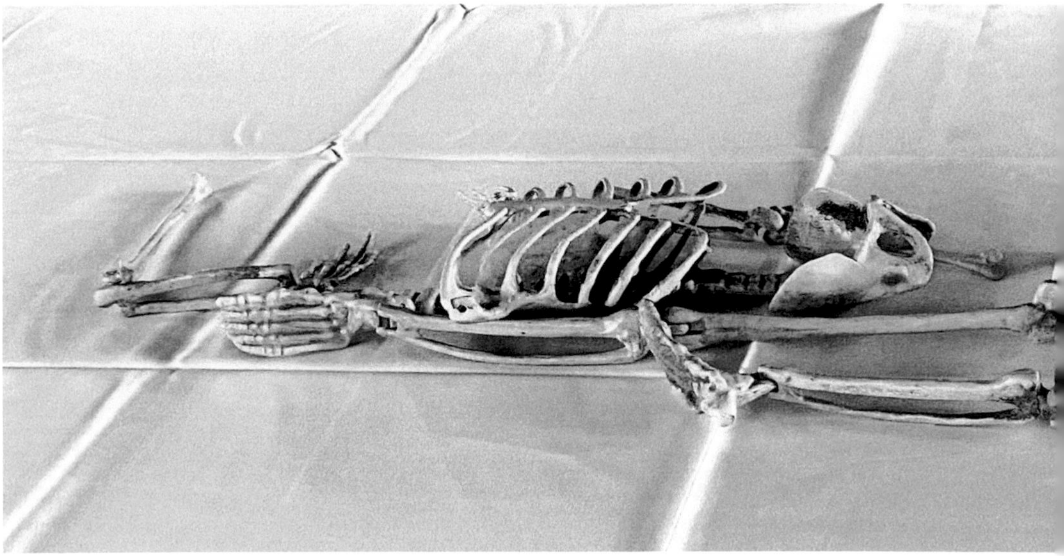

Wanderwolf Slavko — Als Slavko sich im Dezember 2011 aufmachte, seine Geburtsregion in den Karstgebieten Sloweniens zu verlassen, konnte noch niemand ahnen, dass er zu dem Glücksfall der europäischen Wolfsforschung überhaupt werden sollte. Slavko entpuppte sich als sogenannter Wanderwolf, der durch Zufall auch ein Senderhalsband trug, das alle drei Stunden seinen genauen Aufenthaltsort an einen Satelliten sendete. Dadurch wurde es den Wolfsforschern möglich, seine Wanderungen genau zu verorten und dem Dokumentarfilmer Volker Schmidt-Sondermann Slavkos Weg in dem großartigen Film *Die Odyssee der einsamen Wölfe* szenisch zu rekonstruieren. Zufall und Glück spielen deshalb eine große Rolle, weil Slavko nicht nur zum Wanderwolf wurde, sondern auch seine Wanderung überlebte und es schaffte, in einem zuvor nicht von Wölfen besiedelten Gebiet, im Lessinia Nationalpark oberhalb von Verona, mit einer Wanderwölfin erfolgreich ein neues Rudel zu gründen. Damit hatte Slavko zwei Funktionen der Wanderwölfe nachweislich voll erfüllt: nämlich die weit auseinander liegenden zehn europäischen Wolfspopulationen genetisch miteinander zu verbinden und neue Territorien für die Wölfe zu erschließen.

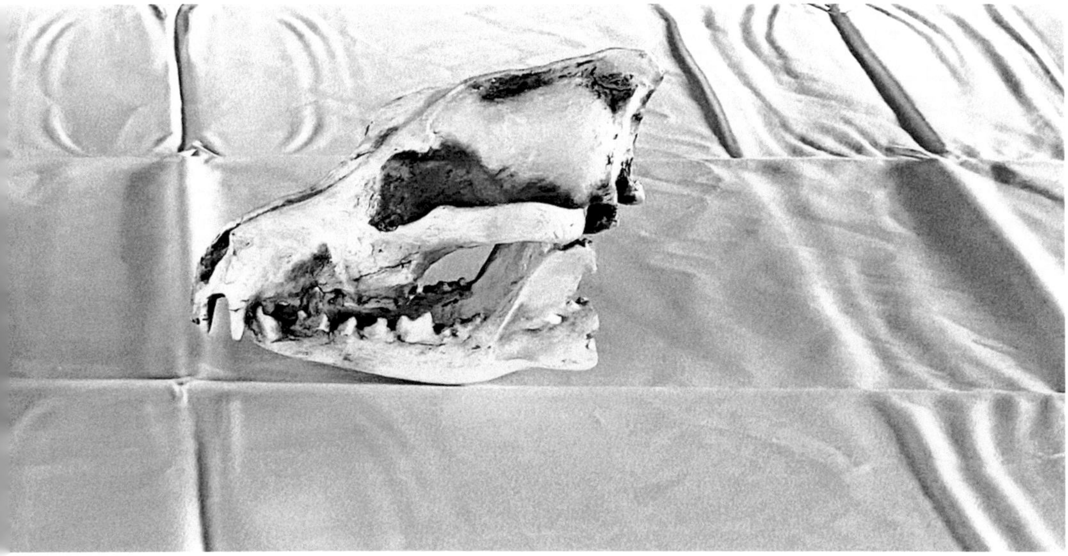

Siesta, 2022

Besendet, wie der Jargonausdruck für solche Tiere heißt, werden relativ viele europäische Wölfe, seit sie in Lebensräume in Zentraleuropa, also in Deutschland und Frankreich, zurückkehren, in denen sie über hundert Jahre lang ausgerottet waren. Und dass Wölfe im Alter zwischen 10 und 22 Monaten ihre Geburtsrudel verlassen können und viele es auch tun, war bekannt. Es gibt nur absolut keine Möglichkeiten, sicher vorherzusagen, welche Wölfe dies tun werden. Manche bleiben auch ihr Leben lang in ihrem Geburtstrupp und die meisten von denjenigen, die ihre Trupps verlassen, wandern nicht. In der Regel gründen sie neue Rudel in direkter Nähe derer, aus denen sie stammen.

Wanderwölfe, also solche die große Strecken zurücklegen und sich in ihnen völlig unbekannte Gebiete vorwagen, sind eine seltene Ausnahme. Und auf ihren Wegen lauern überall unbekannte und bekannte Gefahren. So wurde z. B. Ligabue, der 2004 der erste besendete europäische Wolf überhaupt war, auf seinem Weg von Italien nach Frankreich wahrscheinlich von einem ansässigen Wolfsrudel getötet, dem er unvorsichtigerweise auf seiner Wanderung in die Quere gekommen war. Wandernde Wölfe können sich also nicht unbedingt auf die Artgenossen verlassen, denen sie auf ihren Wegen begegnen. Dazu werden sie auch ständig mit Hindernissen konfrontiert, von denen sie nicht die geringste Ahnung haben. Für Slavko war das, als er sich im Dezember 2011 auf den Weg von Slowenien nach Österreich machte, zuerst die Autobahn zwischen Triest und Ljubljana. Doch er schaffte die Überquerung und hatte damit zumindest die statistisch häufigste Todesursache von Wölfen in Europa gemeistert. Silvester 2011 allerdings erschien schon das nächste ihm aus den Karstlandschaften seiner Herkunft unbekannte Hindernis vor ihm: die Drau, ein Fluss, der kurz vor Klagenfurt 280 Meter breit ist. Auch dieses kalte Hindernis nahm Slavko offensichtlich ohne größere Schwierigkeiten, auf die er dann aber nachts in Form des Silvesterfeuerwerks von Klagenfurt um so heftiger traf. Wölfe haben ein mindestens doppelt so empfindliches Ohr wie Menschen und wie die Daten zeigen, muss ihn das Geballer schwer verwirrt haben. Jedenfalls änderte Slavko die Richtung seines Wegs und überquerte mitten im Winter 2600 Meter hohe Alpenberge, auf denen der Schnee bis zu sechs Meter hoch liegt. Dabei scheute er auch vor Skigebieten nicht zurück und erlegte in Südtirol in unmittelbarer Nähe einer Skipiste ein Reh. Dadurch wurde er kurzfristig zu einem Helden der Lokalpresse, die seinen Weg mit italienischer Euphorie begleitete: Ein einsamer Romeo sei hier auf der Suche nach seiner Julia, hieß es in den Schlagzeilen. So ganz falsch war das natürlich nicht, es zeigte sich an den Meldungen aber noch ein anderes Phänomen, nämlich dass Wölfe in Ländern, in denen sie nie ganz ausgerottet waren, wie in Italien, Spanien und Slowenien, mit einer anderen Akzeptanz rechnen können als in solchen, in denen sie wie in Deutschland lange Zeit ganz verschwunden waren. Jedenfalls ließ Slavko auch die Skigebiete hinter sich und tauchte im März im Weinanbaugebiet Valpolicella auf, wo er versuchte, mit drei in einem Freigehege eingesperrten Wölfen in Kontakt zu treten, was aber am gut verankerten Zaun scheiterte und ihn in den Nationalpark Lessinia weiterziehen ließ. Und dort traf er tatsächlich auf seine Giulietta, eine Wanderwölfin aus dem italienisch-französischen Grenzgebiet, mit der er im jetzt schon zweiten Wurf die Balkanpopulation der Wölfe genetisch mit Italien verband und die Wolfspopulation von Lessinia begründete.

Wölfe — Der Wolf, der die Grenzen überschreitet, wie es ihm gefällt, hat mit den Wölfen der Metaphern so wenig zu tun wie das Haar mit der Suppe. Aber natürlich fällt auch von Zeit zu Zeit ein Haar in die Suppe wie die wirklichen Wölfe in den Herrschaftsraum der Metaphern. Hierzulande geschieht das seit dem Ende der 1990er Jahre. Zuerst waren es nur einige Wölfe einer um die 20 Individuen zählenden Population in Westpolen, die manchmal in Brandenburg umherwanderten, wie sich durch Spurenfunde belegen ließ. Mittlerweile haben sich mehrere Rudel in Deutschland fest etabliert. Aber auch wenn manche dieser Wölfe mit Ortungshalsbändern versehen sind und Wolfsforscherinnen – in Deutschland sind es oft Frauen – fast alle Wölfe individuell kennen und identifizieren können, halten sich die Erkenntnisse über ihr Sozialleben und die Auswirkungen der Wölfe auf die Nahrungsnetze und ökologischen Gegebenheiten in Grenzen. Was nicht zuletzt daran liegt, dass man Wölfe fast nie sieht und sie dann doch nicht so zahlreich sind, als dass sie genug Daten liefern könnten, um allgemeinere Fragen zur Ökologie großer fleischfressender Säugetiere zu beantworten.

Anders sieht das mit den Wölfen in den USA im Yellowstone Nationalpark aus. Seit man dort 1995 und 1996 Wölfe, die man in Kanada gefangen hatte, wieder ansiedelte, hat man sie buchstäblich nicht mehr aus den Augen gelassen. Und das Beste daran ist, dass man die Ergebnisse in zwei großartigen Studien auch nachlesen kann. In Andy Dobsons *Yellowstone Wolves and the Forces That Structure Natural Systems*, 2014 im Fachjournal *PLOS Biology* im Netz frei zugänglich erschienen, und in Carl Safinas populärwissenschaftlicher Studie *Beyond Words. What Animals Think and Feel.*

Dobson geht es dabei vor allem um die ökologischen Auswirkungen der Wölfe auf das Gesamtsystem des Nationalparks, und was er dabei in aller Vorläufigkeit herausfand, liest sich wie ein Krimi zur Dynamik des Lebendigen. Im Yellowstone hatten die Wapitihirsch-Populationen durch 70 wolfsfreie Jahre ein Allzeithoch erreicht und durch Fraß und Abtritt die Vegetation und sogar Flussläufe verändert. Mit den Wölfen ging die Hirschanzahl deutlich zurück. Pflanzen, die sie kahlgefressen hatten, kehrten zurück. In den kalten Wintern starben jetzt weniger Hirsche an Schwäche, weil die Wölfe sie vorher gejagt hatten.

Das hatte Auswirkungen auf die Grizzlybären, die sich bis dahin immer darauf verlassen konnten, wenn sie aus ihrem Winterschlaf erwachten, genug tiefgefrorene Hirschkadaver zu finden, um nicht selbst jagen zu müssen. Die Grizzlys mussten nun ohne tote Hirsche auf Bisonjagd gehen und lieferten mit den aufgebrochenen Bisonkadavern auch Geiern, Adlern und Raben neue Futterquellen, was auch deren Zahl steigen ließ. Aber auch die Wölfe hatten durch die Erfolge ihrer Hirschjagd umzudenken. Weil die Hirsche weniger geworden waren und die Überlebenden die Wolfsgebiete mieden, mussten auch die Wölfe nun Bisons jagen. Was nicht geringe Folgen für ihre Sozialstruktur hatte. Wolfsrudel, die erfolgreich Bisons verfolgen wollen, müssen größer sein als solche, die Hirsche fangen. Im Nationalpark bildete sich in der Folge unter anderem das größte jemals dokumentierte Wolfsrudel, bestehend aus 37 Individuen. Carl Safina beschreibt die Geschichte dieses Rudels. Sein Held ist dabei ein Wolf, den sie „Twenty-one" nannten. Twenty-one hatte im Alter von zweieinhalb Jahre sein Geburtsrudel verlassen und sich einem anderen angeschlossen, in dem er nach kürzester Zeit der unangefochtene Alphamann wurde, was nicht ungewöhnlich war. Alle Wolfsrudel sind mehr oder weniger hierarchisch organisiert und werden in den geschlechtsgetrennten Rangordnungen von einem Männchen und einem Weibchen angeführt. Ungewöhnlich war aber der Stil, mit dem Twenty-one seine Rolle ausführte. Er verhielt sich herausragend fürsorglich gegenüber allen Jungtieren der Gruppe, von denen er mit Sicherheit nicht der Vater war, und widersprach damit allen Vorhersagen der gendeterministischen Soziobiologie, nach denen er die Jungen hätte töten müssen, um Platz für seine Gene zu schaffen. Nichts dergleichen geschah. Im Gegenteil: Er erwies sich auch als herausragender Spielpartner der Jungen, was aber nicht bedeutete, dass er ihnen nicht auch fiese Sachen beibrachte. Es stellte sich nämlich heraus, dass bei oft sehr blutigen Kämpfen zwischen verschiedenen Wolfsrudeln die Tiere, die jünger als ein Jahr alt waren, keinerlei Verhaltensmittel hatten, mit der plötzlichen Gewalt umzugehen. Offenbar müssen junge Wölfe die Gewaltexzesse des Rudelkampfs erst lernen. Und auch darin war Twenty-one vorbildlich, weil er nie einen unterlegenen gegnerischen Wolf tötete, unterbrach er den gewöhnlichen Gewaltgang.

Rentiere — Rentiere sind die einzige Art unter den Hirschen, die domestiziert wurde. Im Prozess der „Haustierwerdung“ hatten sie das seltene Glück, dass sie auf eine Bevölkerung trafen, die nicht nur ihren Lebensraum mit ihnen teilte, sondern auch ihre nomadische Lebensweise. Die Sami, heute die einzige ethnische Gruppe in der europäischen Union, die als indigenes Volk anerkannt wird, hatten über mehrere tausend Jahre wie die Rentiere im Norden Norwegens, Schwedens, Finnlands und angrenzenden Teilen Russlands gelebt und waren wie die Hirsche nicht sesshaft geworden.

Nicht-sesshaft oder nomadisch war ihre Lebensform aber nur insofern, dass sie es strikt vermieden, Ackerbauern zu werden. Sie durchwanderten stets genau markierte Gegenden, die von anderen Samigruppen respektiert wurden, und lebten als Jägerinnen und Sammler. Ein Phänomen, das schon Tacitus beeindruckt hatte. In „wundervoller Unzivilisiertheit“ lebten sie von „gewöhnlichen Kräutern“, kleideten sich in Häute und schliefen auf der Erde, schrieb der römische

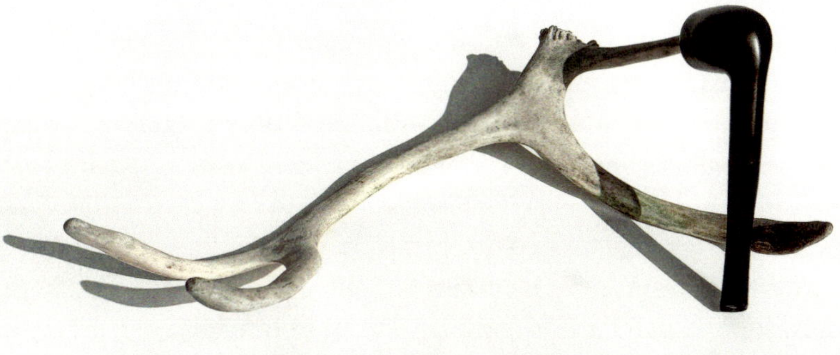

Grandpa's Insignia, 2022

Schriftsteller. „Ihre übliche Unterstützung erhalten sie durch die Jagd, sowohl Männer als auch Frauen; mit denen sie auf-und abwandern und alle einen Teil der Beute begehren“, heißt es weiter und dabei beurteilten sie ihre Lage „jedoch als glücklicher als schmerzhafte Arbeit auf dem Felde“, oder „die Unruhe, ihren eigenen Besitz verteidigen oder den anderer angreifen zu müssen.“

Mit der richtigen Beobachtung, dass bei den Sami Männer wie Frauen jagten, hatte Tacitus im Jahr 98 n. Chr., als sein *Germania* erschien, die immer noch virulente anthropologische These, nach der die Männer die Jäger seien und die Frauen die Sammlerinnen, widerlegt, bevor sie überhaupt erfunden worden war. Die Sami lebten also als Jäger und Sammler und hielten Rentiere vor allem als Zug- oder Lasttiere oder auch als Köder für wilde Rentiere. Denn die jagten sie ausgiebig und trieben mit ihren Fellen Handel mit schwedischen, norwegischen und russischen Händlern. Die im 17. Jahrhundert immer größer werdende Nachfrage nach Fellen konnten die wilden Populationen nicht mehr stillen, auch weil sie von weißen Jägern mit industriellen Tötungsmethoden, die sich im 19. Jahrhundert an Nordamerikas Bisonherden wiederholen sollten, an den Rand des Aussterbens gebracht worden waren.

Erst dann begann die heute mit den Sami verbundene Rentierhaltung in großen Herden. Die Rentiere veränderten in dem Zusammenleben wahrscheinlich die Kultur der Sami mehr als die Sami die der Hirsche. Rentiere sind aber auch mehr als dankbare „Haustiere“. Ohnehin genügsam sind sie aufgrund der Struktur ihrer Vorderhufe in der Lage, auch durch dicke Schnee- und Eisschichten an ihre Hauptnahrung – Flechten – zu gelangen. Und weil Flechten wegen ihres hohen Kohlehydratgehalts besonders energiereich sind, können Rentiere, wenn sie eine Stunde Flechten geäst haben, erst einmal drei bis vier Stunden gesättigt ruhen. Ein Rhythmus, der auch den sie begleitenden Sami im Winter immer noch gefällt.

Überhaupt ist das Zusammenleben mit den Rens eher stressarm. Obwohl Rens – wie alle Hirsche – Fluchttiere sind, unterscheiden sie sich in ihrem Fluchtverhalten etwa von Rehen. Rentiere springen nicht schreckhaft auf, wenn sie Feinde wie Wölfe erblicken. Sie werden nur langsam nervös und setzen sich dann als Herde in Bewegung und in

Bewegung sind sie gut. Sie können ausdauernd schnell laufen und ermüden mit der Zeit jeden Wolf, solange sie nicht geschwächt sind. Und um gerade die Verwundbarsten, nämlich Mütter und schwangere Tiere zu schützen, tragen auch die Weibchen Geweihe.

Sie tragen sie aber nicht, um damit zu kämpfen wie die Platzhirsche. Bei Rentieren sind Geweihträger generell dominant. Während im Herbst die Männchen ihre Geweihe abgeworfen haben, tragen Muttertiere ihre über den Winter bis ins nächste Frühjahr und werfen die Stangen erst kurz vor der Geburt des nächsten Jungen ab. Das sichert ihnen über den gesamten Winter den ersten Zugang zu Nahrungsquellen.

Herbstspinne — Die Herbstspinne, wissenschaftlich *Metellina* oder *Meta segmentata,* verdankt ihren Namen der Tatsache, dass geschlechtsreife Weibchen und Männchen ab Ende August bis Oktober außerordentlich zahlreich auftreten können. Vor allem in offenem Gelände, an Waldrändern, auf sonnigen Brachen und in Gärten, aber auch in dunklen Fichtenforsten sind sie die wahrscheinlich häufigste radnetzbauende Spinne überhaupt. Die Spinnen sind im Herbst aber nicht nur häufig, sondern auch leicht zu erkennen und mit Geduld auch sehr gut zu beobachten.

Erkennen kann man die Herbstspinne an ihrem eigenartigen Radnetz. Große Spinnenautoren wie Horst Stern und Heiko Bellman halten das Radnetz für die vollkommenste Form der Spinnennetze überhaupt. Typisch für ein Radnetz ist die Nabe, der zentrale Bereich des Netzes, von dem aus strahlenförmig die 20 bis 25 Speichen nach außen ziehen. Begrenzt wird das Netz durch einen Rahmenfaden und zur Falle durch die auf den Speichen perlschnurartig angeordneten, feinen Klebtröpfchen. Nur an den Klebtröpfchenspeichen bleibt die Beute der Spinne hängen, die anderen Fäden kleben nicht. Und die Herbstspinne kennzeichnet ihre offene oder leere Nabe, die sie sozusagen freigebissen hat, nachdem sie ihr Netz fertig gestellt hat. Weil der Klebstoff aber nur wenige Tage hält, frisst die Spinne nicht nur jedes Mal das Zentrum des Netzes frei, sondern gleich das ganze Netz auf, um die eiweißhaltigen Spinnfäden zu verdauen und der nächsten Nutzung,

Early Fall, 2022

dem nächsten Netzbau zuzuführen. Spinnen weben allgemein ihre Netze lieber im Dunkeln als am helllichten Tag, werden gerade jetzt dabei aber von Taubildung behindert. So können sie oft ihre Netze erst vollenden, wenn der Tau mit dem wärmer werdenden Tag wieder verschwunden ist. Mit, wie gesagt, Geduld ist es deshalb im Herbst gut möglich, Spinnen beim Weben zu beobachten. Die Herbstspinne bietet zu diesem an sich schon bemerkenswerten Vorgang aber noch ein besonderes Spektakel.

Ab September versammeln sich nämlich ein oder mehrere Männchen an den Rändern der Netze reifer Weibchen. Da sitzen sie dann, oft mit scheinbar bemessenem Abstand zueinander und warten. Worauf sie warten, merkt man erst richtig, wenn sich eine Beute, etwa eine kleine Fliege, im Netz verklebt hat. Dann rennen die Männchen in Richtung der Fliege und derjenige, der zuerst da ist, beginnt sofort, die Beute in Seide einzuwickeln. Die erfolglosen Männchen ziehen sich sehr ruhig und ohne äußerlich erkennbaren Frust friedlich zurück.

Der erfolgreiche Spinnenmann beginnt dann, nachdem er sein Werbe- oder Brautgeschenk in Seide verpackt hat, im Schutz der Beute, also hinter der eingewickelten Fliege sitzend, um das Weibchen zu werben. Dazu sendet er über das Netz Zupfsignale, die entweder „erhört“ werden oder auch nicht, was immer möglich bleibt. Wenn das Weibchen aber „gehört“ hat, begibt es sich von der Beute weg und legt sich an einem vom Männchen gespannten Begattungsfaden auf den Rücken. Und da liegt sie dann mit dem Bauch nach oben so passiv wie starr. Worauf das Männchen von vorn auf das Weibchen zugeht, einen Taster auf ihrem Bauch befestigt und sich – ja, doch – artistisch irgendwie um sich selbst dreht und dann, Bauch an Bauch, auf dem Weibchen zum Liegen kommt. Etwa drei Minuten liegen sie dann so da, schauen in die gleiche Richtung und bewegen sich sichtbar nicht. Danach trennen sie sich und gehen friedlich auseinander und ihrer getrennten Wege.

Was gegen die weit verbreitete Ansicht, nach der das Spinnenweibchen nach vollzogener Paarung das Männchen fressen soll, unter Spinnen der Normalfall ist. Nur bei wenigen Arten fressen die Weibchen regelmäßig ihre Männchen. Dabei handelt es sich in der Mehrzahl um Arten, bei denen die Männchen wesentlich kleiner als die Weibchen sind und merkwürdigerweise auch ohne Zutun der Weibchen nach der Paarung sterben. Die Weibchen in diesen Fällen also nichts anderes tun, als die Leiche ihres Partners von sich abzulösen, sie einzuspinnen und anschließend zu verzehren.

Gefährlich bleibt die Paarung aber auch unter solchen Spinnen, die sich normalerweise nach der Paarung friedlich trennen. Es kommt individuell immer wieder vor, dass ein Weibchen „sein" Männchen frisst. In der Regel liegen diesem Vorgang dann aber Verfahrensfehler des Männchens zugrunde. Entweder hatte es das Werbungs- und Paarungsritual dann nicht in der oft artspezifisch sehr streng choreographierten Form ausgeführt. Oder das Männchen hat nicht abgewartet, bis das Weibchen ihr Einverständnis zur Paarung signalisiert hat. Dann wird es wie eine fremde Beute behandelt und aufgegessen.

Aber wie dem auch sei, die weiblichen Herbstspinnen legen in jeden Fall nach der Paarung noch im gleichen Herbst im Abstand von jeweils einigen Tagen mehrere Kokons an einem Zweig oder an einer Baumrinde ab. Die Kokons enthalten etwa 80 bis 140 Eier, aus denen sich im nächsten Frühjahr die neuen Spinnen entwickeln. Das Weibchen aber stirbt nach der Herstellung des letzten Eigespinstes.

Gemeine Pantoffelschnecke — Das Namen nicht Schall und Rauch sind, sondern Bedeutungen mit sich herumtragen, die mit den bezeichneten Lebewesen nicht unbedingt etwas zu tun haben, gilt auch unter Schnecken. Die Gemeine Pantoffelschnecke, wissenschaftlich: *Crepidula fornica,* hat mit ihrem deutschen Vulgärnamen noch Glück. Ihre flache Schale mit nur angedeuteten Windungen und einer weiten Mündung erinnert, von unten gesehen, tatsächlich an einen Pantoffel. Komplizierter verhält es sich aber mit ihrem wissenschaftlichen Namen.

Die ursprünglich an den Atlantik- und Pazifikküsten Nordamerikas und Mexikos vorkommende marine Gehäuseschnecke ist seit 1870, als sie in Europa eingeschleppt wurde, von Südnorwegen bis nach Spanien auch hierzulande zu finden. Nach Europa kamen sie im Gepäck mit importierten Austern, auf denen sich die Schnecken noch lieber aufhalten als auf Miesmuscheln, weshalb sie auch überall vorkommen, wo es Austernbänke gibt. Als Konkurrent der Austern gelten Pantoffelschnecken auf den Austernbänken als Schädlinge, was einer der Gründe ist, warum sie so gut erforscht sind. Ein anderer Grund des Interesses an ihnen liegt in ihrer Fähigkeit zum Geschlechtswandel.

Pantoffelschnecken bilden am Boden schlammiger Gewässerzonen Schneckenstapel. Dabei sitzen zwischen 12 und 16 Tiere aufeinander, die größeren unten und die kleineren oben. Die oben sind die Männchen und die unten die Weibchen, während sich in der Mitte Tiere befinden, die gerade im Übergang vom männlichen zum weiblichen Tier begriffen sind und aktuell als steril erscheinen. Die Befruchtung der Weibchen findet von oben nach unten statt. Das funktioniert deshalb, weil der Penis der kleinen Männchen länger als ihr Körper ist und ohne Probleme über ein paar Männchen und die „neutralen" Tiere in der Mitte hinweg die Weibchen unten erreichen kann. Was aber wie ein geordneter Geschlechterstapel aussieht, ist bei näherem Hinsehen nicht nur zwischen den Geschlechtern in Bewegung, sondern auch innerhalb eines gerade betrachteten Geschlechts.

Das Gründungstier, das das Fundament auf felsigem Grund legt, wird automatisch mit dem Gründungsakt ein Weibchen. Irgendwie ist es dann in der Lage, Schneckenlarven anzuziehen, die sich auf ihr niederlassen und zu Männchen werden. Werden die kleineren Männchen größer, wandeln sie sich langsam über ein neutrales Stadium in Weibchen um. Dieses im Unterschied zum simultanen Hermaphroditismus als sequenzieller Hermaphroditismus bezeichnete Phänomen verweist neben seiner Wandelbarkeit des Sexes noch auf eine andere in der Natur häufig zu beobachtende Tatsache: Die Weibchen sind bei vielen Tieren anders als bei Menschen und anderen Säugetieren größer als die Männchen. Was männlichen Menschen nicht immer geheuer ist und sich bei *Crepidula fornicata* auch im Namen niederschlägt.

Der wissenschaftliche Name der Pantoffelschnecke stammt von Carl von Linné selbst, dem Begründer der modernen biologischen regelhaften Benennung und Beschreibung der Organismen. Das lateinische fornix, das der Bogen heißt, wählte Linné, um auf den gewölbten Umriss der Schale zu verweisen. Das Wort konnotiert aber in seinen Tiefenschichten auch mit dem sexuellen Geschehen im Schneckenstapel.

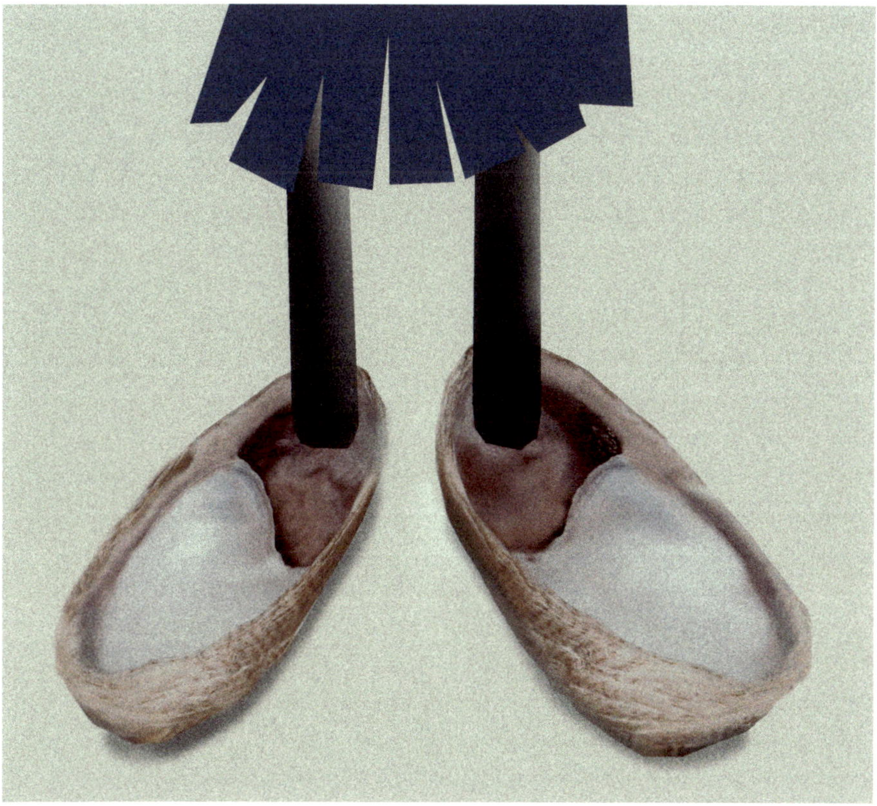

Slippers, 2022

Wie der Evolutionsbiologe Stephen Jay Gould herausfand, stellt *fornix* auch eine Beziehung zwischen Gewölben und Sexualität her. „..., weil die Römer in den unterirdischen Teilen großer Gebäude gewölbtes Mauerwerk verwendeten und weil die Armen wie die Prostituierten Roms in diesen unterirdischen Gewölben lebten... bezeichneten frühchristliche Autoren mit dem Verb fornicari den Besuch von Bordellen. Auch die Prostituierten Pompejis arbeiteten in ähnlichen Steingeweben“, zitiert Gould aus *A Browser's Dictionary* von 1980.

Man kann daraus ablesen, dass auch die binomische wissenschaftliche Nomenklatur nicht frei von anthropomorphen Frivolitäten ist.

Clarks Anemonenfisch oder Clarks Clownfisch – Seeanemonen sind normalerweise nicht gut zu Fischen. Mit einer Fuß- und Mundscheibe versehen, haben die Weichtiere manchmal bis zu über 100 Tentakeln, die sie, mehr oder weniger weich wirkend, im Wasser pendeln lassen können. Diese Tentakeln sind aber nicht selten stark von Nesselkapseln durchzogen, aus denen die Tiere auf alles schießen können, was sich zwischen ihnen bewegt. So können Anemonen auch größere Fische und Krabben benesseln und damit töten, um sie aufzulösen und zu verzehren.

Es gibt aber unter sogenannten Riesenanemonen, die so heißen, weil ihre Mundscheibe in Extremfällen einen Durchmesser von über einem Meter erreichen kann, eine regelmäßige Ausnahme. In Korallenriffen, in denen die Riesenanemonen vorkommen, findet man sie selten ohne Anemonenfische und die weiteste Verbreitung unter diesen Fischen hat der Clarks Anemonenfisch oder Clarks Clownfisch. Als Clownfische werden sie nicht wegen ihrer auffällig gebänderten Färbung genannt, sondern auch weil sie besonders wach und zickzack-beweglich erscheinen. Ihre abrupten Schwimmrichtungswechsel sollen unter Aquarianern legendär sein, sehen aber auch im freien Wasser eher artifiziell als putzig aus.

Jedenfalls leben Clarks Clownfische fast ausschließlich in der Nähe oder zwischen den Tentakeln „ihrer“ Anemonen. Wobei es bis heute zu den ungeklärten ökologischen Semiotiken der Korallenriffe gehört, wer hier wen duldet bzw. sich zum Zusammenleben aussucht.

Unbestritten ist nur, dass es sich um eine echte Symbiose handelt, von der beide Seiten profitieren. Die Clownfische finden zwischen den Tentakeln Schutz vor Raubfischen. Nimmt man dem Clownfisch seine Anemone, wird er in kürzester Zeit gefressen. Und die Anemone profitiert offensichtlich von dem frischen Wasser, das der Fisch über seine Bewegungen zwischen die Arme des Blumentiers fächelt. Zudem entfernt er Sand von der Anemone, säubert ihre Mundscheibe und nimmt ihr unverdaute Nahrungsreste ab.

Unklar ist nur, wie Fisch und Anemone zueinander finden. Nicht alle Anemonen akzeptieren alle Arten von Anemonenfischen und in manchen Fällen benesseln Anemonen auch Fische derselben Art, die sie in sich dulden, wenn sie nicht zu ihr „gehören“.

Klar ist bisher, dass die Fische, die in einer Anemone leben, eine spezielle Schutzschicht auf der Haut tragen. Entfernt man die Schicht, wird der Fisch mit Nesseln beschossen wie jeder andere auch. Nur woher haben sie die Schicht? Am wahrscheinlichsten ist, dass sie sich diese von der Anemone selbst holen. Die Fische reiben sich selbst mit dem Schutzhautfilm der Anemone ein, in dem sie sich zwischen den Tentakeln vorsichtig sozusagen ihre Ration Hautfilmschutz abholen. Die Fische werden dadurch zu einem Teil der Anemonenoberfläche, denn die Anemonen müssen sich auch selbst imprägnieren, damit ihre Tentakel sich nicht gegenseitig beschießen.

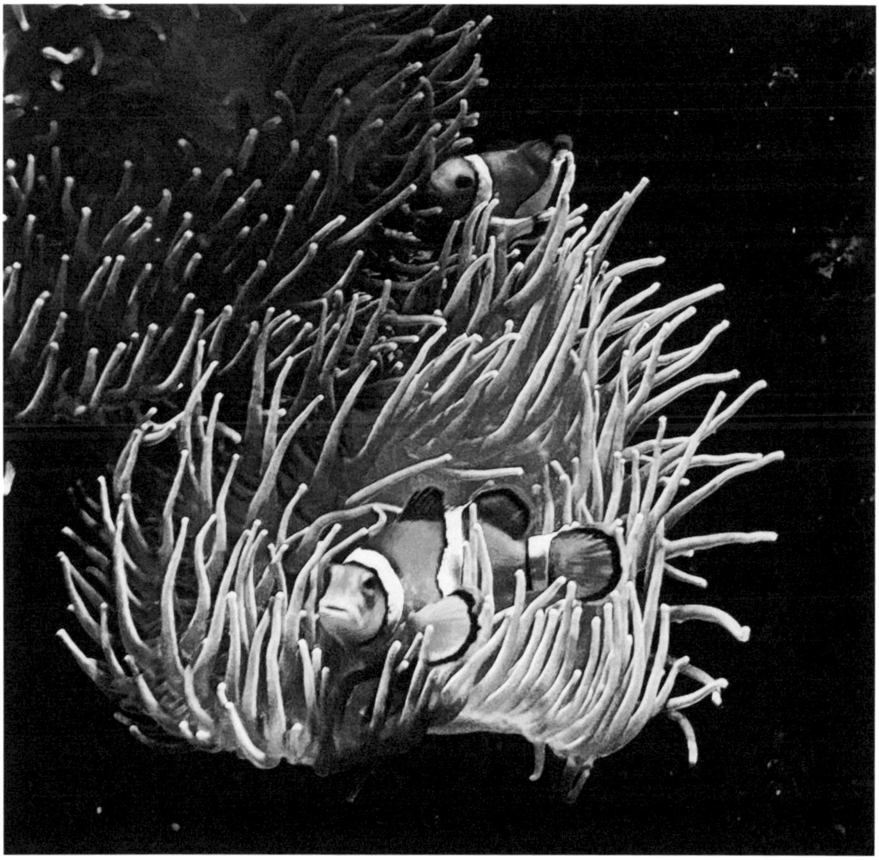

Merryandrew, 2022

In einer Anemone leben meist mehrere kleinere Männchen und ein größeres, dominantes Weibchen, das nicht unbedingt zur Freundlichkeit neigt. Stirbt das Weibchen, kommt es bei dem größten der Männchen sofort zu auffälligen Verhaltensänderungen. Es beginnt exponierter als die anderen zu schwimmen, wird aggressiver und nach zwei oder drei Wochen hat es sich in ein Weibchen verwandelt. So weit ist das gängiges Wissen um die Geschlechtsumwandlung von Anemonenfischen.

Die Verhaltensbiologin Ellen Thaler, die lange am Alpenzoo und der Universität in Innsbruck gearbeitet hat, erzählt noch eine andere Geschichte. Thaler arbeitet seit Jahren zur Geschlechtsumwandlung bei marinen barschartigen Fischen und beobachtet sie täglich in ihren Aquarien oder im Freiwasser. Und Thaler hatte ein Clownfischpaar in ihren Anemonen in ihrem Aquarium, das sich überhaupt nicht verstand. Sie biss ihn so heftig, dass andauernd Stücke aus seinen Brust- und Bauchflossen im Wasser schwebten und er sich dann in einer Spalte verstecken musste, bis sie sich wieder beruhigt hatte. Weil Thaler die ewigen Streitereien nicht mit ansehen konnte, setzte sie die beiden erst auseinander, dann wieder mit einem dritten Fisch zusammen, bis sie irgendwann nur noch staunen konnte. Sie hatte die beiden gerade wieder zusammengesetzt, als er auf einmal den Spieß umdrehte. Er jagte sie auf einmal, rammte sie heftig, bis die beiden sehr ruhig wurden und seitdem gut zusammenleben. Sie hatten beide ihr Geschlecht gewechselt. Er war zur sie geworden und sie zu ihm. Thaler realisierte das erst, als sie das Verhalten beider in Ruhe studieren konnte, und weil sie nicht anthropomorphisieren wollte, kommentierte sie die Episode mit Bertolt Brecht: „... Es geht auch anders, aber so geht es auch ...“

Langschnäuziges Seepferdchen — *Die Gleichgültige* heißt eine Videoarbeit der Künstlerin Rosemarie Trockel von 1994. Trockel zeigt einen Ausschnitt aus Jean Painlevés bekanntestem Werk, dem 1933 entstandenen 13-minütigen 35-mm-Film *L'Hippocampe,* deutsch *Das Seepferdchen,* und zwar genau in jenem Moment, in dem das in der Schwangerschaft blass gewordene männliche Seepferdchen unter ruckartigen Pumpbewegungen die Jungen zur Welt bringt. Dem tatsächlichen Akt der Geburt, in dem bei jedem krampfartigen Pumpen 15 bis 20 Junge buchstäblich ins Wasser geschleudert werden, sind stundenlange Intentionsbewegungen vorausgegangen.

Das schwangere Tier hat dabei seine Schwanzwurzel immer wieder nach vorn gepresst, um die sogenannte Tasche, in der sich die Embryonen entwickelt haben, zu stauchen und für die Öffnung bereit zu machen. Dabei wendet und dreht der Schwangere sich unablässig und verliert mit der Anstrengung zusehends an Farbe, bis mit den ersten Pumpkrämpfen zunächst die abgestorbenen Eier aus der Tasche gestoßen werden. Wie die temperaturabhängig etwa drei Wochen dauernde Schwangerschaft insgesamt kein Vergnügen ist. Die Atmung der Embryonen hat sich vom Tag der Eiablage durch das Weibchen in die Tasche des Männchens bis zum Schlüpfen verfünffacht. Ältere Embryonen verbrauchen bis zu einem Drittel des vom Brütenden aufgenommenen Sauerstoffs, wodurch das Männchen vor allem bei Ortswechseln leicht in Atemnot gerät und es zu Fehlgeburten kommen kann.

Hotel Eden, 2022

Die Erleichterung, die man in Blick und Bewegungen des Gebärenden zu sehen meint, also eher real als spekulativ ist.

Dass man aber überhaupt meint, den Seepferdchen auf Augenhöhe, von Angesicht zu Angesicht begegnen zu können, hängt mit Painlevés Methoden und Techniken zusammen. Da es noch keine Unterwasserkameras gab, hatte er seine über 200 Filme über das Leben unter Wasser in Aquarien aufgenommen, die prädestiniert für die vertikale Mitten-im-Meer-dabei-Sicht waren und sind. Painlevé hatte als einer der Ersten, besonders mit Großaufnahmen von z. B. den fühlenden Armen eines Oktopusses, Garnelenbewegungen oder den langsamen Gang eines Seeigels, in die Unterwasserwelt eingeführt. Er tat dies, indem er die Aquarienwelt im Bild verschwinden ließ und die Welt im Meer sozusagen blickgerecht rahmte. Damit lieferte er das medienästhetische Modell für das Unterwasserleben, das bis heute die Bildproduktion formatiert.

Zur Meisterschaft führte er seine Verfahren im Seepferdchenfilm. Mit poetischem Text übersprochen, inszenierte er die Seepferdchen wie Tänzer im Wasser. Präsentiert wurde der Film wie fast alle seine Filme als wissenschaftliche Forschung an der Akademie der Wissenschaften in Paris. Es war die Verbindung aus wissenschaftlichem Forscherdrang und ästhetischer Präsentation, die Painlevé die Verehrung der Surrealisten einbrachte, die ja in ihren Texten und Filmen auch der Traumarbeit ihren wirklichkeitsformenden Platz eingeräumt hatten. Da lag es für fotografisch arbeitende Künstler wie Man Ray nahe, in Painlevés Filmen vor allem eine Weltbilderweiterung zu sehen.

Painlevé hatte aber bei allen anthropomorphisierenden Tanzästhetisierungen die Tiere nicht vergessen. So war eben auch nicht zu übersehen, dass das Liebesspiel der Seepferdchen ohne jede Dominanz des einen Geschlechts über das andere auskommt. Tatsächlich ist es gleichgültig, welches Geschlecht das tagelang dauernde „Karussellschwimmen“ beginnt, in deren Verlauf die beiden sich immer wieder umeinanderkreisend so weit an die Wasseroberfläche bewegen, bis die Krönchen aus dem Wasser ragen und sich aufeinander zu bewegen. Während des Aufwärtskreisens kommt es schließlich zu dem Moment, in dem das Weibchen seine um die 450 Eier in die Tasche des Männchens einspritzt.

Painlevé zeigte die Paarung so detailliert nah, dass es nicht nur zu Zensurforderungen kam, sondern sich eine heftige Kontroverse über die Umkehr der Geschlechterrollen anschloss, die dazu führte, dass der Film bis heute als ein Symbol für die Gleichstellung der Geschlechter gilt. Painlevé kommentierte seinen Film in der Debatte eindeutig: „all jenen, die leidenschaftlich danach streben, ihr tägliches Schicksal zu bessern, all jenen Frauen, die sich nach jemandem ohne den üblichen Egoismus sehnen, mit dem sie ihre Sorgen und ihre Freude teilen können, ist dieses Symbol der Zuverlässigkeit gewidmet, welches die maskulinsten Mühen mit der femininsten Brutpflege in sich vereint."

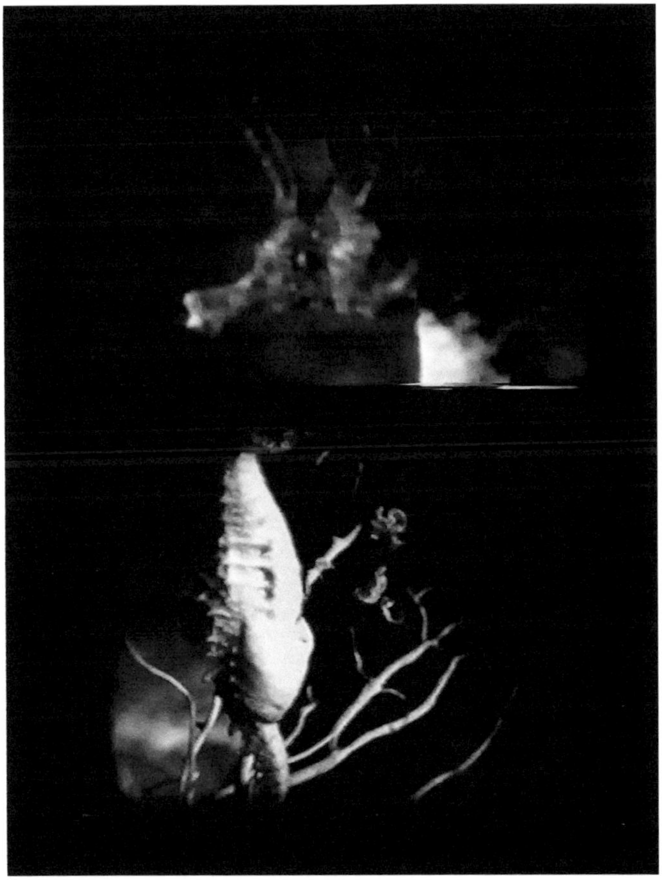

Die Gleichgültige, 1994

Grüne Meerkatze – Grüne Meerkatzen gehören mit Sicherheit zu den meistfotografierten Affenarten. Fast überall in Afrika südlich der Sahara, mit Ausnahme der Regenwälder und trockenen Wüstengebiete, fühlen sie sich wohl. Da sie im Unterschied zu allen anderen Meerkatzenarten die dichten Wälder meiden und sogenannte Mosaiklandschaften bevorzugen, in denen sich Akazienbuschland und baumlose Flächen abwechseln und das Gras- und Bambusland immer wieder von Galeriewäldern, die die Ufer der Flüsse säumen, durchschnitten wird, sind sie auch stets gut sichtbar. Es gab und gibt keine Safari in den ostafrikanischen Nationalparks ohne Grüne Meerkatzen. Und wenn man dann gegen Abend vor einer Lodge sitzt und auf den akkurat gemähten Rasen starrt, dauert es auch nicht lange, bis ein oder mehrere kleine gelb- bis graugrüne Affen mit einem langen Schwanz, den sie stets sehr elegant tragen, auftauchen.

Ihr Gang ist dabei leicht schwebend, so als seien sie immer auf dem Sprung. Das ist allerdings kein blödes Getue, um Touristen zu erheitern oder zu täuschen. Es ist ihre Eigenart. Denn auch wenn Grüne Meerkatzen hervorragend klettern können, verbringen sie die meiste Zeit in Gruppen, die 15 bis 50 Individuen stark sein können, am Boden. Für das Leben am Boden sind sie aber im Unterschied zu anderen bodenlebenden Affen wie Pavianen und Makaken eigentlich zu klein. Auch deshalb sind sie anders als Paviane, die, wenn sie in Gruppen wandern, dies im Angriffsmodus tun, andauernd auf Fluchtreaktionen vorbereitet. Daher der scheinbar immer zum Abheben bereite Gang und daher auch ihr fein austariertes System an Alarmrufen. Ein System, das heute nicht nur bei Verhaltensforschern und Psychologen weltberühmt ist, weil es ein bis in die 1980er Jahre geltendes Paradigma zum Einstürzen brachte. Nach diesem Paradigma drückten die Lautäußerungen von nichtmenschlichen Primaten als kommunikativen Inhalt lediglich Emotionen aus. Warnrufe, selbst wenn sie so differenziert waren wie die der Grünen Meerkatzen, standen demnach nur für verschiedene Angstzustände, die die Affen durch verschiedene Laute ausdrückten. Das Warnrufsystem der Grünen Meerkatzen enthielt aber so viele Besonderheiten, die sich über ein reines Affektinterpretationssystem der Laute nicht erklären ließen. Es war schon Ende der 1960er Jahre in den Arbeiten von Thomas Struhsaker klar geworden, dass die Alarmrufe der Meerkatzen mehr als nur Emotions- oder Affektäußerungen waren. Nach Struhsaker verwendeten die Tiere verschiedene Warnrufe für Leoparden, für Schlangen und für Adler. Es war aber nie nur der einzelne Warnruf, der die Gefahrensituationen so interessant für die Forschung machte, sondern immer ein ganzer Ereigniszusammenhang. So folgten auf die Warnrufe für Adler oder Leopard zwei teilweise entgegengesetzte Fluchtstrategien, die schwer nur eine bloße Affektreaktion sein konnten.

Tauchte z. B. ein Adler auf, schrie einer der Affen den typischen Warnruf laut heraus und löste damit das Fluchtverhalten bei anderen Affen aus. Wenn es sich bei dem Angreifer um einen Kampfadler handelte, hieß das für die Affen, schnell aus dem offenen Gelände zu verschwinden und sich in dichte Büsche zu schlagen. Vor allem aber hieß es für jene, die in Baumkronen saßen, sich sofort fallen zu lassen, damit der herabstürzende Adler sie nicht mit den Greiffüßen schlagen konnte. Saß in so einem Fall eine ganze Gruppe Meerkatzen im Baum, dann regnete es buchstäblich Affen. So eindrucksvoll ein solcher Anblick ist, so erstaunlich ist es auch, dass der Leopardenwarnruf die genau entgegengesetzte Fluchtreaktion auslöst.

Wenn ein Leopardenwarnruf ertönt, flüchten die Meerkatzen sofort aus dem dichten Gebüsch in die offene Savanne oder klettern so schnell sie können in die äußersten Zipfel der Baumäste. Da sich derart differenzierte Verhaltensantworten auf verschiedene Warnlaute beim besten Willen nicht über ein bloßes Affektlautsystem zurückführen lassen, lag es nahe, den Lauten auch einen symbolischen Anteil zuzusprechen, nachdem sie tatsächlich auch für ein bestimmtes Feindtier standen und nicht bloß für Angst. Und wie Dorothy Cheney und Robert Seyfarth in jahrelangen Feldbeobachtungen und Experimenten zeigen konnten, ist genau das der Fall. Wofür nicht nur spricht, dass die jungen Affen den richtigen Gebrauch der Warnrufe langwierig lernen müssen. So warnen sie zuerst bei jedem Vogel, später, trotz vieler Zurechtweisungen, noch bei jedem Greifvogel und erst mit beginnendem Erwachsenenalter dann nur noch bei einem Adler.

Dass sich auch Tiere von Zeit zu Zeit berauschen, ist keine Neuigkeit mehr. Bilder von durch den Verzehr vergorener Früchte betrunken gewordener Vögel sind keine Seltenheit. Die Vögel sitzen dann, oft auch scheinbar lachend, etwas ungerade auf Ästen und fallen manchmal einfach herunter, bekommen in der Regel aber vor dem Erdaufprall doch noch die Flügel in Stellung gebracht. Und wenn Indische Elefanten durch zu hohen Früchtegenuss so orientierungslos geworden sind, dass sie gut dicht durch Dörfer irren, eventuell das Gleichgewicht verlieren und in Gärten oder auf Hütten krachen, ist das der Weltpresse immer eine Meldung wert. Wobei es sich bei Elefanten wie Vögeln meist um ein Gruppenvergnügen handelt. Die Tiere versammeln sich in größerer Zahl um einen Haufen vor sich hin gärender Früchte und fressen oder trinken, je nach Vergärungsgrad. Weniger bekannt ist aber, dass Tiere auch einzeln ganz bewusst nach psychoaktiven Substanzen suchen und sie zu sich nehmen. So suchen Vögel ganz gezielt nach berauschenden Beeren, trinken Motten den Nektar psychoaktiver Blüten und Lemuren auf Madagaskar lecken gut dosiert an Tausendfüßern. Von Affen verschiedener Arten gibt es zudem Berichte, dass sie nach Pilzen suchen und dabei vereinzelt auch Psilocybin-Pilze verzehrten. Gut dokumentiert sind diese Einzelbeobachtungen aber nicht. Es gibt aber einen Fall von tierischem Alkoholismus, der nicht nur sehr gut dokumentiert ist, sondern auch wissenschaftlich unter die Lupe genommen wurde. Auf der Karibikinsel St. Kitts leben Grüne Meerkatzen und haben wie die Touristen den Strand als Spielwiese entdeckt. Weil Grüne Meerkatzen aber zierlich-nervöse kleine Affen sind, die immer hellwach ihre Umgebungen registrieren und interpretieren, ist ihnen nicht entgangen, dass Touristen verschiedenartige Getränke zu sich nehmen. Und zumindest zu einem dieser Getränke haben die Meerkatzen eine historische Beziehung. Ursprünglich in Afrika, vor allem in den Savannen Ostafrikas, zu Hause, wurden die Affen vor etwa dreihundert Jahren mit den Sklaven auf die Insel gebracht. Während die Sklaven im für die Rumproduktion notwendigen Zuckerrohranbau schuften mussten, hatten die Meerkatzen erstmal nichts anderes zu tun, als die Insel zu erkunden und sich Futter zu suchen. Auf diesen Wegen stießen sie dann auch auf vergorenes Zuckerrohr und kamen auf den Geschmack. Heute aber sammeln sie nicht mehr auf den Feldern. Sie stehlen den Touristen ihre Drinks und prellen die Zeche, wie Vinciane Despret in ihrem Buch *Was würden die Tiere sagen, würden wir die richtigen Fragen stellen?* schreibt. Für die richtigen Fragen hatten die Affen am Strand von St. Kitts ein sozusagen günstiges Angebot gemacht. Grüne Meerkatzen gehören wegen ihres syntaktisch ausgefeilten Lautsystems zu den im Freiland bestuntersuchten Affen überhaupt. Es hätte also aus den Freilandstudien für die Affen vom Strand Vergleichsmaterial genug gegeben. Es war nämlich nicht nur Touristen aufgefallen, dass die Affen nicht nur geschickte Diebe waren. Sie waren auch extrem wählerisch und nicht alle Affen wählten hochprozentige Getränke. Manche blieben auch strikt bei Fruchtsäften oder raubten bloß schlichtes Wasser. Unter den Säufern wiederum fielen nur wenige so aus der Rolle, dass sie buchstäblich unter den Tisch fielen. Es lag also nahe, dass das Medical Council of Canada und Behavioral Sciences Foundation St. Kitts 1000 in Gefangenschaft gehaltenen Meerkatzen die verschiedensten Getränke angeboten haben. Ernüchternd war dann allerdings das Ergebnis.

Die prozentuale Verteilung des Alkoholkonsums bei Affen entspreche der unseren und überhaupt sei alles wie bei uns, auch bei Affen sei wahrscheinlich eine genetische Disposition für den Alkoholgebrauch verantwortlich. Dann ist ja alles gut, könnte man mit Despret folgern. Dann muss man die wirklichen Fragen nach der besonderen Situation sowohl der Affen als auch der der Menschen nicht mehr stellen. Fragen wie, ob wir einsam sind, Probleme haben oder eventuell sogar die Rumindustrie hier involviert sein könnte.

Leichtes Unbehagen 1 und 2, 1985

When Pincher Becomes Form, 2010

Ein Hund, der gerade ein Stück Fleisch vom Küchentisch gestohlen und im Blumentopf versteckt hat, kommt einem mit eingezogenem Schwanz entgegen und schleicht sich mit verstohlenem Seitenblick auf den Blumentopf davon. Unwillkürlich neigt man dazu, dem Hund ein Bewusstsein seiner Tat zu unterstellen. Charles Darwin ging, nachdem er eine ähnliche Szene erlebt hatte, noch einen Schritt weiter. Es war für ihn keine Frage, dass sein vierbeiniger Hausgenosse sich schämte.

Für den Begründer der Evolutionslehre war es überhaupt keine Frage, dass Tiere Gefühle entwickeln und sie auch zeigen. In seinem 1872 erschienenen Werk *The Expression of the Emotions in Man and Animals* ging es ihm vor allem darum, mit welchen Verhaltensmustern Tiere ihre Gemütszustände ausdrücken.

Darwin hat in diesem Buch, das als einer der Ausgangspunkte der modernen Verhaltensforschung gelten kann, Beispiele dafür geliefert, warum es für Menschen von großer Bedeutung ist, Gefühlsäußerungen von Tieren erkennen und richtig interpretieren zu können. „Man hat beschrieben, wie ein Elk (Anm.: ein Wapitihirsch), welcher in den Vereinigten Staaten einen Mann zu Tode bohrte, zuerst sein Geweih schwang, vor Wut schrie und auf den Boden stampfte; endlich sah man, wie sich sein Haar sträubte und aufrecht stellte, und dann sprang er vorwärts zum Angriff“, heißt es an einer Stelle. Bei einer solchen Konfrontation ist es lebenswichtig, die sich steigernde Wut bereits im Ansatz zu erkennen, um sich rechtzeitig in Sicherheit zu bringen. Menschen, die von Berufs wegen mit wehrhaften Tieren zu tun hatten, wie Dompteure, Rinderhirten oder Jäger, haben das zu allen Zeiten auch immer gewusst. Nur war dieses Wissen esoterisch. Es blieb Eingeweihten und Erfahrenen vorbehalten.

Für die Wissenschaft, der es ja um eine rationale und allgemein zugängliche Beschreibung ihrer Objekte geht, war dieser Erfahrungsschatz zunächst unbrauchbar. Für die exakte Verhaltensforschung, die erst im 19. Jahrhundert verhältnismäßig langsam und spät begann, fügte sich das überlieferte Wissen nur in eine Reihe von anthropomorphisierenden Betrachtungen, die, unter anderem in Form von Fabeln, auf eine lange Tradition zurückblicken konnten. Das Tier als Projektionsfläche für menschliche Vorstellungen, Wünsche und Meinungen stand noch in Alfred Brehms berühmtem „Tierleben“ so weit im Vordergrund, dass man einen Großteil der Brehm’schen Beschreibungen als blanken Unsinn bezeichnen muss.

Es ging also erst einmal darum, die allzu menschlichen Komponenten und Erzählstränge aus dem vorhandenen Kontext zu entfernen. Dazu bot sich im 19. Jahrhundert, das von Mechanik geradezu besessen war, ein damals schon älteres, aber trotzdem am Beginn der neuzeitlichen Wissenschaft stehendendes Bild an. Der französische Denker René Descartes hatte zweihundert Jahre zuvor die Körper von Tieren wie Menschen in Abgrenzung zum Geist als Automaten beschrieben. Diese mechanistische Auffassung bot nun die Möglichkeit, den Tieren alles ausschließlich Menschliche – oder genauer gesagt: scheinbar ausschließlich Menschliche – wie Gefühle, Gedanken und Absichten kurzerhand abzusprechen.

Bevor man nun aber Descartes retrospektiv zum Bösewicht erklärt, der seinen Hund, wenn es um Gefühle geht, heute auf die Ebene seines Computers stellen würde, sollte man einen Blick auf die Geschichte und Vorgeschichte werfen. Denn wenn es richtig ist, dass, wie der britische Kunstkritiker John Berger behauptet hat, die erste Farbe der Menschheit Tierblut war, die ersten Bilder Tiere dargestellt haben und auch die erste sprachliche Metapher ein Tier war, dann ist die gesamte Entwicklung der menschlichen Kultur und des menschlichen Denkens so eng mit den Tieren verbunden, dass es tatsächlich sehr schwerfällt, eine nicht anthropomorphe Vorstellung von ihnen zu entwickeln. Descartes’ Vorstellung vom Automaten bot immerhin ein Übungsfeld in Vorurteilslosigkeit. So ließ sich der mitgeschleppte Bodensatz aus mehr als zehntausend Jahren Domestikationsgeschichte tilgen. Der Vergleich mit dem Automaten war der Nullpunkt, von dem aus man beginnen konnte, ein nicht anthropomorphisierendes Bild des Tieres zu entwickeln.

Die Vorstellung vom Automatenkörper hat dazu verführt, das Bild für bare Münze zu nehmen. Das hatte insofern Folgen für die Tiere, als man ihnen die schrecklichsten Torturen zumuten konnte, ohne auch nur eine Sekunde an ihre Leiden zu denken. Ein Frosch, der unter elektrischen Reizen zuckte, war eben genau das: ein automatisch reagierendes Muskelpaket. Für alle Tiere unterhalb der Säugetierskala standen Gefühle oder Leidensfähigkeit generell nicht zur Debatte. Diese Auffassung hat sich lange gehalten. So wurde mir noch in den 1980er Jahren während eines Physiologiepraktikums, in dem es darum ging, mit den Muskeln von Kröten zu experimentieren, erklärt, das Dekapitieren, also das Enthaupten der Tiere, sei keine große Sache, weil sie es nicht bemerken würden. Ein Fortschritt bestand zu dieser Zeit allenfalls darin, nur noch Freiwillige zu dieser Aufgabe heranzuziehen und Studenten, die es nicht wollten oder konnten, mit dem Dekapitieren zu verschonen.

Darwin hat Tiere nie als Maschinenkörper gesehen. Man kann seine Texte auch als Abwehrreaktion auf die beginnende Industrialisierung des Wissenschaftsbetriebs selbst lesen.

Six Eyes, 2022

Kangaroo Admiring the Jaws of a Beauty, 1983

Er schrieb nicht nur von der Scham seines Hundes, sondern auch von der Intelligenz der Regenwürmer. Er hat sogar das Verhalten der Schlingpflanze in seinem Arbeitszimmer beobachtet und langjährige Untersuchungen über die Beziehungen zwischen fleischfressenden Pflanzen und Insekten angestellt.

Als mit einem beträchtlichen Vermögen versehener Privatgelehrter war Darwin eine Übergangsfigur an der Schwelle zum professionalisierten Wissenschafts- und Forschungsbetrieb, wie wir ihn heute kennen. Das macht sein Buch über die Emotionen von Tieren und Menschen noch immer aktuell. Darwin ging es darin zwar um evolutionär entstandene Zusammenhänge zwischen den Ausdrucksbewegungen und um die dahintersteckenden allgemeinen Prinzipien. Zuallererst aber war er von der überbordenden Vielfalt des Beobachteten „frappiert", um es mit einem seiner Lieblingsworte zu sagen. Und die Entstehung dieser Vielfalt wollte er erklären, ohne ausdrücklich so etwas wie Naturgesetze zu formulieren. Es ging ihm um die Mechanismen, die diese Vielfalt unter den Bedingungen der Veränderbarkeit der Individuen und ihrer Umgangsformen hervorbrachten. Die beginnenden Laborwissenschaften aber waren auf der Suche nach einem allgemeinen, auch für den Menschen gültigen Modell. So kam man im Experiment auf den angeblich gefühllosen Froschschenkel.

Es dauerte denn auch bis ins 20. Jahrhundert hinein, ehe mit Jakob von Uexküll ein Forscher auftauchte, der versuchte, Tiere so unanthropomorph wie möglich zu denken. Uexküll kam in seinen Forschungen zu dem Schluss, dass verschiedene Tiere ihre verschiedenen Umwelten auf je eigene Art und Weise wahrnehmen und nutzen. Folgt man dieser Sichtweise, ist es unmöglich, nur noch von Umwelt im Singular zu sprechen. Um nur zwei Tiere zu nennen, mit denen von Uexküll sich näher beschäftigte: Der Unterschied zwischen den extrem reduzierten Ansprüchen und Reaktionen einer Zecke und den Reaktionen eines Blindenhundes war einfach zu groß, um sie noch unter einen Hut zu bringen. Vom Tier im Kollektivsingular als Gegensatz zum Menschen konnte nach Uexküll eigentlich nicht mehr die Rede sein.

Doch auch Uexküll stand vor dem großen Problem, dass er Tiere wie Pflanzen nicht beobachten konnte, ohne ihnen Absichten zu unterstellen. Ohne also irgendwie davon auszugehen, dass Tiere nicht nur etwas müssen, sondern auch etwas wollen. Da man sie bis heute nur sehr begrenzt befragen kann, hat sich daran nichts geändert. Wir können Tiere gar nicht anders beobachten, als ihnen ein Wollen zu unterstellen.

Das war für Uexküll natürlich ein Bruch mit seiner ursprünglichen Intention, eine möglichst nicht-anthropomorphe Sicht auf die Tiere zu entwickeln. Mit den Blindenhunden hatte er allerdings Studienobjekte gewählt, die diesen Bruch sozusagen aufhoben. Blindenhunde wie auch Helferhunde in Haushalten von Menschen mit Behinderungen müssen Fähigkeiten mitbringen, die selbst unter Hunden nur äußerst selten zu finden sind. Sie müssen nicht nur einen Stadtplan im Kopf haben, sondern auch mit der Geschwindigkeit der Fortbewegung ihrer menschlichen Freunde rechnen und in der Lage sein, deren emotionale Zustände in ihr eigenes Verhalten zu integrieren.

Solche Fähigkeiten kann ein Tier logischerweise nur dann entwickeln, wenn es etwas mehr als nur rudimentäre Anlagen zu einer emotionalen Existenz besitzt. Dass Blindenhunde nicht nur Emotionen zeigen, sondern auch in der Lage sind, sie bei einer anderen Spezies wahrzunehmen, korrekt zu interpretieren und ihr eigenes Verhalten danach auszurichten, ist eine bis heute von den dafür zuständigen Naturwissenschaften kaum eingeholte Erkenntnis.

Wenn man sich ältere Lehrbücher zur Verhaltensbiologie anschaut, findet man den Begriff der Emotion in der Regel nur in einem Zusammenhang: mit der Angst. Das ist kein Wunder und hat direkt mit der Laborsituation zu tun. Die Angst, die Labortiere in der Regel befällt, wenn sie in die für sie ungewohnte und womöglich feindliche Umgebung gesetzt werden, ist wahrhaftig nicht zu übersehen.

Das immerhin hat sich in der Literatur niedergeschlagen. In einer fremden Umgebung würden Ratten mehr oder weniger deutliche Zeichen von Furcht zeigen, die man durchaus als Emotionalität bezeichnen könne, schrieb etwa der Verhaltensbiologe Dierk Franck in seiner 1979 erschienenen *Einführung in die Ethologie*. „Als emotionale Reaktionen", fährt Franck fort, „werden Kot- und Harnabgabe sowie Verharren am Ort gewertet, als nichtemotionale Reaktionen dagegen Umherbewegen und Erkunden." Emotionale Ratten, heißt es dann noch, würden langsamer lernen, einen elektrischen Schlag zu vermeiden – und in Labyrinthversuchen sind sie auch nicht die schnellsten, könnte man noch hinzufügen.

Den Laborwissenschaftlern gelang es, dieses Problem zu umschiffen, indem sie mit der Zeit nahezu angstfreie Rattenstämme züchteten. Das war der Stand der Wissenschaft, als ich Ende der 1980er Jahre begann, mich auf Verhaltensbiologie zu spezialisieren. Die Angst war die einzige Emotion, die nicht täuschte, die eindeutig zu erkennen war, wenn man das Tier sah. Ich erinnere mich an unzählige Themenbesprechungen im Institut, in denen es darum ging, Methoden zu finden, auch andere Gefühle bei Tieren zweifelsfrei nachzuweisen.

Es reichte offensichtlich nicht, davon auszugehen, dass junge Makaken sich freuen, wenn sie sich spielend jagen und dabei immer wieder auf einen Baum klettern, um aus zwei Meter Höhe in einen Teich zu springen, schnell an Land zu schwimmen, um das Ganze in jenen Verhaltensschleifen zu wiederholen, die das Spielen bei vielen Säugetierkindern ausmachen. Ebenso war es bloß Erfahrungswissen, wenn man umgekehrt auf das gesträubte Fell und das Fauchen älterer Affen achtete, womit sie ihre Wut zum Ausdruck brachten, wenn man ihrem Nachwuchs zu nahegekommen war. Als wissenschaftlich gültigen Satz konnte man gerade noch postulieren, dass die Ausdruckserscheinungen bei emotionalen Reaktionen unübersehbar und oft auch unüberhörbar sind.

Da hat sich inzwischen etwas verändert in der Forschungslandschaft. Auch wenn der Nachweis von Emotionen noch nicht für alle Tiere anerkannt ist, kann man kaum noch einen Wissenschaftler finden, der nicht wenigstens den Säugetieren die großen Emotionen wie Freude, Angst und Wut zugesteht. Schwieriger sieht es allerdings mit einer für Menschen als konstitutiv angesehenen Emotion wie der Trauer aus. Wer beispielsweise behauptet, Elefanten oder Dohlen würden um den Tod eines ihnen nahestehenden Artgenossen trauern, wird meist nicht mehr als ein desinteressierte Achsel- oder nachsichtiges Mundwinkelzucken ernten.

Noch für Darwin war es überhaupt keine Frage, dass Elefanten zu Trauer fähig sind. „Man weiss, dass der indische Elephant zuweilen weint“, schrieb er und schilderte auch die Situationen sehr genau, in denen Elefanten die Tränen kommen. Die auf Ceylon gefangenen und angebundenen Tiere „lagen bewegungslos auf der Erde, mit keinem anderen Zeichen von Leiden als den Thränen, welche ihre Augen füllten und beständig herabflossen."

Darwin wären wohl auch die Tränen nicht entgangen, die Rindern auf ihren Transporten zum Schlachthof manchmal in den Augen stehen. Man kann sie sehen, wenn man sich dem aussetzt und sich die Mühe macht, lange genug hinzuschauen oder auch nur aufmerksam einem Dokumentarfilm zum Thema Tiertransporte folgt.

Immerhin bejaht die aktuelle Wissenschaft zumindest die Frage, ob Tiere etwa „ärgerlich" oder „freudig" gestimmt sein können. Säugetieren und Vögeln wird das zugeschrieben. Ob aber Tiere in ähnlicher Weise wie Menschen sich ihrer emotionalen Lage bewusst sind, sie also „selbstbewusst" erleben, ist immer noch umstritten. Es kann in diesem Zusammenhang hilfreich sein, kurz die Naturwissenschaften zu verlassen und in der angelsächsischen Philosophie nachzuschauen.

Second Row, 2022

„Ich habe gesagt, dass viele Tierarten Bewusstsein, Intentionalität und Gedankenprozesse haben“, schreibt der amerikanische Philosoph John R. Searle in seinem Essay *Der Geist der Tiere*. Warum aber sei er sich so sicher, dass sein Hund Ludwig tatsächlich ein Bewusstsein besitze, fragt Searle weiter und antwortet verblüffend einfach: Er glaube, dass ein Teil der richtigen Antwort sowohl für den Hund wie für ihn selbst laute, dass jede andere Antwort außer Frage stehe.

Unter anderem deshalb, weil beide sich nun schon ziemlich lange kennen würden, sodass eigentlich kein Zweifel möglich sei. Denn immer, wenn er von der Arbeit nach Hause zurückkehre, stürme Ludwig ihm entgegen, springe auf und ab und wedele mit dem Schwanz. Woraus Searle folgert: „Ich bin sicher, dass er (a) Bewusstsein hat, (b) sich meiner Anwesenheit bewusst ist und (c), dass dieses Bewusstsein in ihm einen Zustand der Lust hervorruft.“

Searle geht in seinem Text weiterhin ein paar Argumenten nach, die seiner Schlussfolgerung anscheinend im Wege stehen. Er macht das ebenso knapp, wie er an seinem Hund Bewusstsein, Intentionalität und Gedanken bescheinigt. Den Verfechtern der Theorie, dass es unsere Sprache sei, die den exklusiven Zugang zu Überzeugungen und Wünschen sichert, hält er entgegen, dass Tiere auch ohne Sprache mitteilen können, ob ihre Überzeugung nun bestätigt und ihr Wunsch befriedigt oder frustriert worden ist. All das sind Feststellungen, die heute kaum jemand mehr bestreiten würde, der als Kognitionswissenschaftler mit Tieren arbeitet.

Searle stand mit dieser Auffassung noch weitgehend allein, als sein Aufsatz zum Geist der Tiere 1994 erschien. Damals löste er auch das Problem des „Fremdpsychischen“ für Tiere auf denkbar einfache Art. Wenn Tiere eine kausal relevante Struktur besäßen, die unserer eigenen ähnlich sei, dann produzierten sie wahrscheinlich auch ähnliche geistige Zustände als Reaktion auf ähnliche Stimuli, meint Searle. Und mit dem Säugetier- und Vogelgehirn wie mit den Empfindungs- und Wahrnehmungsapparaten von Auge, Ohr, Haut und Haaren besitzen sehr viele Tiere sehr ähnliche kausal relevante Strukturen.

Hinzu kommt noch, dass die Molekularbiologie zumindest an Searles Paradebeispiel, seinem Hund Ludwig, noch ganz andere Hinweise entdeckt hat. Im Erbgut von Haushunden finden sich Spuren der Verhaltensanpassungen, die im Verlauf der mindestens zehntausend Jahre alten Koevolution durch die Domestikation des Wolfes zum Hund stattgefunden haben. Wie neuere Befunde belegen, hat es auf molekularer Ebene über lange Zeit hinweg sogar einen Austausch beziehungsweise eine gegenseitige Beeinflussung von Hunden und Menschen gegeben.

Ohne darüber spekulieren zu wollen, wie dieser Austausch zustande gekommen sein mag (und vielleicht noch immer kommt), liefert das aber auch den Skeptikern in Fragen tierischen Bewusstseins und tierischer Emotionalität ein Argument an die Hand. Denn so eng, wie sich die gemeinsame Entwicklung von Hunden und Menschen vollzogen hat, wird sie kaum mit einer anderen Tierart vorgekommen sein.

Mittlerweile bestreiten auch die härtesten Positivisten unter den Forschern nicht mehr, dass Haushunde Emotionen an den Tag legen. Sie können darüber hinaus auch sehr präzise die emotionalen Zustände bei ihnen nahestehenden Menschen lesen und darauf ganz außerhalb jeder menschlichen Werteskala mit großer Zuwendung reagieren. Wenn man so will, ist die Anhänglichkeit des Hundes an den Menschen klassenlos und von keinem Leistungsprinzip abhängig. Hundeforscher wie der Österreicher Kurt Kotrschal betonen deshalb immer wieder die in alternden Gesellschaften kaum hoch genug anzurechnende soziale Funktion von Hunden und ihren Wert als Partner. Die Frage, ob Hunde Gefühle haben, und wie man sie erkennt, stellt sich im Searl'schen Sinn schon lange nicht mehr. Eher schon die Frage, wie Hunde es bewerkstelligen, die emotionalen Zustände ihrer Halter in jener Art von Feindiagnose zu erkennen, zu der sie aller Erfahrung nach fähig sind.

Es wäre wünschenswert, wenn diese Anerkennung von Gefühlen auch auf andere Tierarten übertragen werden könnte. Wir müssen uns genauer damit auseinandersetzen, wie emotionale Reaktionen unter anderen Lebewesen als dem Menschen ablaufen. Fraglich ist nicht mehr, ob Tiere Gefühle haben, sondern wie wir damit umgehen. Wir werden um behutsam dosierte Anthropomorphisierungen nicht herumkommen, wenn wir Tiere wirklich verstehen wollen. Lebenswichtig für uns selbst kann es allemal sein.

Music Box, 2013

Fasching, 2022

Gemeine Krake oder Gemeiner Oktopus — Das Erste, was man von *Octopus vulgaris,* wie der Gemeine Krake wissenschaftlich heißt, sieht, ist eine Meeresbodenstaubwolke. Das ist natürlich kein Staub, sondern in der Regel feiner Meeressand oder manchmal auch Muschelkalk. Man muss aber dem Oktopus oder dem Kraken, wie sie hier synonym gebraucht werden, in irgendeiner Weise suspekt gewesen sein, um überhaupt beim Tauchen, im Mittelmeer etwa, eine solche Fluchtreaktion auszulösen. Denn überrascht hat man den Kraken bestimmt nicht. Dazu sind diese Tiere einfach zu wach und sehen zu gut.

Auch wegen ihrer Größe sind die einem geübten Taucher fast schwarz erscheinenden Augen der Kraken ein guter Anhaltspunkt, einen am Boden buchstäblich dahinschmelzenden Gemeinen Oktopus zu erkennen. Der Körper der Tiere ist aber nicht nur in seinen Konturen und seiner Form mit dem Meeresboden eins geworden, er hat auch dessen Farben bis in die Schattierungen angenommen. Auch deshalb ist man erst einmal wie weggeschossen verblüfft, wenn man aus Sand und Steinen ein Tier sich erheben sieht, das nicht nur mit seinen acht Armen und seinem gallertartigen Körper jede Form scheint annehmen zu können, sondern zur Form auch noch ständig seine Farben ändert und überhaupt – wenn man länger hinsieht – über blinkende Lichtpunkte am Körper immerzu etwas zu senden scheint.

Und wenn man dann noch auch nur den halben Ballast der Mythen um die Kraken mit sich schleppt, wird es wirklich einigermaßen schwer, so eine bloße Zufallsbegegnung richtig einzuordnen. Zumal jener Oktopus im Meer vor Neapel beim zweiten Tauchen keine Anstalten machte, nochmal zu fliehen, sodass man ihn beim dritten Treffen schon für seinen Freund hielt, was natürlich bestimmt übertrieben war.

Trotzdem lässt sich, wenn man sich wieder beruhigt hat, aus einer kurzen Begegnung schon eine Skizze des Tintenfischlebens erahnen, auch wenn es eine Enttäuschung bleibt, dass jener Krake von Neapel nicht einmal seinen Tintenstrahl gegen den Taucher abfeuerte.

Ein Wunder ist aber auch das nicht, denn *Octopus vulgaris* spritzt seine Tinte nicht in einer breiten Wolke, die meterweit das Wasser trübt, aus dem Körper, sondern geballt und gut umrissen, um den

Feind abzulenken. Und Taucher ohne Harpune oder andere Waffen identifizieren Kraken schnell als zumindest nicht feindlich.

Und wie man mittlerweile aus Hunderten von Aquariumsberichten weiß, entscheiden Kraken bei Menschen sehr schnell, wer ihnen sympathisch ist und wer nicht. Gründe brauchen sie dafür nicht immer. Sy Montgomery hat in ihrem Buch *Rendezvous mit einem Oktopus* eine Reihe solcher Sym- und Antipathiegeschichten zusammengetragen und der australische Philosoph und Taucher Peter Godfrey-Smith hat sich die Eigenschaft der Kraken, mit Menschen selbst im Freiwasser des Meeres Freundschaft zu schließen, für seine Studie *Der Krake, das Meer und die tiefen Ursprünge des Bewusstseins* zu Nutze gemacht.

Merkwürdig ist das nämlich auch deshalb, weil noch nie jemand auf die Idee gekommen ist, Kraken als besonders sozial zu bezeichnen. Das sind sie auch nicht. Sie sind eher Einzelgänger, die den Tag sehr gut getarnt am Meeresgrund verbringen und in der Dämmerung beginnen, nach Krebsen, Muscheln und Fischen zu gehen. Was sie allerdings wirklich sind, ist räumlich extrem explorativ. Sie untersuchen alles, was sie finden können auch taktil mit ihren Armen. So sieht man sie im Mittelmeer selten, wenn sie über den Boden kriechen oder auf ihren Armen „stelzen" ohne Steine. Irgendeinen tragen sie immer mit sich herum und platzieren ihn um ihre Ruheplätze, die deshalb wie Burgen aussehen können.

Auch die Erzählungen aus Aquarien, in denen sie ihre Becken verlassen, um in anderen Becken nachzusehen, was es dort zu holen gibt – manchmal auch seltene Fische, die sie dann essen —, hängen mit diesem Raumerkundungsdrang zusammen. Erklären lässt sich das aus ihrer Geschichte. Nachdem die Tintenfische, zu denen neben Kraken auch Sepien und Kalmare gehören, die Schale der Urtintenfische abgelegt oder verloren haben, um es nicht zu aktivistisch auszudrücken, sind sie zu reinen Fluchtieren geworden, zu schutzlosen Weichtieren, die nur Flucht und Tarnung retten können. Und in diesem Zwang zum Leben im farblichen Einklang mit der Umgebung und ständigen Bereitschaft zum Farbwechsel und zur Flucht sieht Peter Godfrey-Smith auch den Grund zur Überschussproduktion von Zeichen über den ganzen ständig lichtblinkenden Körper der Tiere. Sind die licht- und farbempfindlichen Zellen als Tarnmechanismen mit ihrer spiegelhaften Umgebungssensibilität erst einmal ausgebildet, können sie auch zu ganz anderen Zwecken miss- oder gebraucht werden. So können Zeichen von etwas wie innerer Erregung im Lauf der Entwicklungsgeschichte auch zu Zeichen für etwas in kommunikativen Prozessen mit anderen Individuen werden. Der Bedeutungswandel solcher Anzeichen von Erregungen ist immer noch am besten in den Balzritualen von Hühnern und Enten untersucht worden. So ist das ritualisierte Balzpicken von Hühnern, wobei sie während der Werbezeremonie die Pickbewegungen ausführen, ohne Nahrung oder Sonstiges mit dem Schnabel aufzunehmen, zu einem Paradebeispiel für den Prozess der Überführung eines ursprünglich der Nahrungsaufnahme dienenden Verhaltens in den Akt der Balz geworden.

Tintenfische haben also ein riesiges Zeichenpotential entwickelt, ohne das man jetzt schon sagen kann, wozu und ob sie es überhaupt gebrauchen. Für Godfrey-Smith liegt in diesen Zeichen der latente Grund des Bewusstseins.

Super Glue, 2022

Klammeraffen — Auf Frida Kahlos *Selbstbildnis mit Affe* von 1938 legt ein Klammeraffe freundlich einen Arm um die Schulter der Künstlerin und blickt auch sonst eher zurückhaltend schüchtern aus dem Bild als wild, unbeherrschbar oder nervös. Das kann natürlich auch daran liegen, dass Kahlo sich mit den Affen auskannte und sie gut behandelte. Neben Papageien und Hunden lebte sie mit meist mehreren der Klammeraffen zusammen, was sie auch auf anderen Selbstporträts dokumentiert. Klammeraffen gelten aber prinzipiell als freundlich, weshalb sie beliebte Haustiere sind. Wahrscheinlich ist es auch eine Eigenart, die sie z. B. von Papageien unterscheidet, die sie zu angenehmen Mitbewohnern macht. Während Papageien, wenn man sie allein im Käfig oder in der Wohnung lässt, schreiend sauer reagieren, weil sie es als Quälerei empfinden, allein gelassen zu werden, haben Klammeraffen damit kein Problem.

Sie beantworten kurzzeitige Trennungen von Freunden, Bekannten oder Verwandten fast immer mit Umarmungen, die auf Menschen wahrscheinlich auch wegen ihrer unglaublich weichen Innenhände äußerst freundlich wirken. Auch Ethnologen wie Philippe Descola und Eduardo Viveiros de Castro, die immer wieder über längere Zeit mit Indigenen Amazoniens leben, erzählen nur Geschichten von den im Unterschied zu Papageien oder Pekaris erstaunlich geschmeidigen, zurückhaltenden Bewegungen der Affen. In den Häusern der indigenen Ethnien Amazoniens und darum herum wimmelt es generell von allen möglichen gezähmten und zahm gehaltenen Tieren, aber keine Art vermag es, Beobachtern so höflich zu erscheinen wie die Klammeraffen. Und nachtragend sind sie offenbar auch nicht. Denn in der Regel handelt es sich um mit der Hand aufgezogene Affen, deren Mütter von den menschlichen Jägern getötet worden waren. Das Fleisch der größten Affen der Neuen Welt ist in Amazonien sehr begehrt, was wahrscheinlich auch mit der Nahrung der Tiere zusammenhängt. Klammeraffen ernähren sich überwiegend von reifen Früchten und die geben ihrem Fleisch die unterschiedlichsten Geschmacksnoten. In der Ernährungsweise der Affen ist auch einer der Gründe für ihre komplizierte soziale Organisationsform wie ihre Freundlichkeit zu suchen.

Klammeraffen leben in sieben Arten mit Vorliebe in den oberen Baumregionen tropischer Primärwälder von Mittelamerika bis nach

Bolivien im Süden des Kontinents. Als Feinde treten nur jagende Menschen sowie Jaguare und Pumas auf. Selbst für die größten Greifvögel der Wälder sind sie zu groß bzw. zu clever. Das macht ihr Leben zumindest für amerikanische Verhältnisse entspannt friedlich, wenn man einmal kurz davon absieht, dass mit der gesteigert schnellen Zerstörung der Regenwälder auch ihr Lebensraum unwiederbringlich verschwindet. Ein repräsentativer Tag im Leben der Affen besteht jedenfalls bis heute vorwiegend aus Ruhe und der über Mimik, Umarmungen und leise Laute vermittelten Pflege ihrer sozialen Kontakte. Mit der Nahrungssuche und -aufnahme sind sie in der Regel um die Mittagszeit fertig, für die Erwachsenen setzt dann das ein, was die moderne Verhaltensforschung als „comfort behaviour“ bezeichnet, also süßes Nichts-Wichtiges-Tun. Für die Kinder heißt es, dass sie hemmungslos spielen können, wenigstens so lange, wie sich ein paar alte Affen finden, die die Spielenden bewachen. Wobei die soziale Fellpflege im Unterschied zu fast allen anderen Affen bei Klammeraffen kaum eine Rolle spielt, weil sie keinen Daumen haben. Anders als die ersten Entdecker der Affen, die den fehlenden Daumen als Mangel ansahen, ist er für die Affen aber ein Vorteil. Ohne Daumen nämlich können sie ihre Hände wie Haken benutzen und mit ihnen von Baum zu Baum nicht nur hangeln, sondern geradezu rasen. Dazu kommt noch, dass ihr Schwanz wie eine fünfte Extremität funktioniert. Mit einem sensiblen Ende ausgestattet, können sie damit greifen, aber auch kommunikativ tätig werden. In älteren Zoos konnte man Klammeraffen sogar sehen, wie sie mit dem Schwanzende durch die Gitter Besucher anbettelten. In Zoos wie im Wald ruhen sie auch gern nur am Schwanz hängend, während sie ihre Umgebung inspizieren.

Die Ruhe- und Schlafgruppen können bei Klammeraffen relativ groß werden und zwischen 40 bis zu mehr als 70 Individuen umfassen. Weil die rund 150 verschiedenen Früchte, die sie fressen, im Regenwald aber nie gleichzeitig reifen und aufgrund der hohen Artenvielfalt auch nie gehäuft an einer Stelle auftreten, ist die Nahrungssuche für große Gruppen nie lohnend. Klammeraffen spalten sich deshalb jeden Morgen in Kleingruppen von zwei bis sieben Tieren auf, in denen sie auf Früchtesuche gehen. Die Kleingruppen sind oft gleichgeschlechtlich zusammengesetzt und in der Regel vollkommen streitlos friedlich.

Hoffnung, 1984

Nussknacker-Schimpansen — Auch wenn kein Mensch mehr sagen kann, wo die Kultur aufhört und die Natur anfängt, ist der Streit um die Kultur der Affen nie zur Ruhe gekommen. Und wenn man in dem Streit um die Frage, ob Affengesellschaften so etwas wie Kultur hervorbringen können, nach einem Alleinstellungsmerkmal des Menschen sucht, kann man es in der argumentativen Geschicklichkeit finden, mit der versucht wurde, den Einbruch der Affen in das Feld der Kultur aufzuhalten. Beginnen lassen kann man den Diskurs um die kulturellen Fähigkeiten der Tiere im Allgemeinen und der Affen im Besonderen mit Charles Darwin.

„Es ist oft gesagt worden, dass kein Tier irgendein Werkzeug gebrauche. Der Schimpanse knackt aber im Naturzustande eine wilde Frucht, ungefähr einer Walnuss ähnlich, mit einem Steine", schrieb Darwin in seiner im englischen Original 1871 erschienenen Abhandlung über *Die Abstammung des Menschen.* Erstaunlich an Darwins Bemerkung ist, dass genau jene Schimpansen in Westafrika heute mit eben jenem Nussknackverhalten einen einwandfreien Beleg für eine Kultur unter Affen liefern.

Tiere konnten nun auch Werkzeuge gebrauchen, was sie aber nicht konnten, war, Werkzeuge zum Werkzeuggebrauch herzustellen. Auf diesem Lehrsatz konnte man sich dann gut hundert Jahre ausruhen, was auch dadurch begünstigt wurde, dass in dieser Zeit kein Versuch unternommen wurde, Schimpansen im Freiland wirklich systematisch zu untersuchen. Das änderte sich erst 1960, als Jane Goodall mit dem Auftrag, Schimpansengesellschaften in ihrer ganzen Erscheinungsform zu untersuchen, im Gombe-Nationalpark in Tansania mit ihren Forschungen begann. Da aber auch Goodall, wie alle ihr nachfolgenden Schimpansenforscher, fünf Jahre brauchte, um die Affen so an sich zu gewöhnen, dass sie deren tägliches Leben teilen konnte, sollte es noch dauern bis auch der Lehrsatz vom Menschen als dem Werkzeughersteller überhaupt widerlegt wurde. Irgendwann jedenfalls in den späten 1960er Jahren sah Goodall, wie David Greybeard, einer ihrer Lieblingsschimpansen, von einem Ast sorgfältig Seitentriebe und Blätter entfernte, um sich den so manipulierten Stock durch den Mund zu ziehen und seelenruhig zum Fischen von Termiten aus deren Gangsystemen zu benutzen. In der Folge erwies sich das Termitenfischen als systematisch erlernt und weitergegeben über Generationen. Es war nur so, dass nicht alle Schimpansengesellschaften Termiten auf die gleiche Art fingen bzw. überhaupt aßen. Die Schimpansen in Tansania und im Senegal fischten Termiten mit Stöcken, während die Schimpansen in Uganda und in Gabun Termiten mieden und nie auch nur anrührten. Und die Schimpansen im Taï National Park fressen zwar manchmal Termiten, fangen sie aber mit der Hand. Was aber in jedem ethnologischen Bericht über Menschengesellschaften unbezweifelt als unterschiedliche kulturelle Ausgestaltung von Tätigkeiten durchgehen würde, reichte bei Schimpansen nicht aus, um ihnen Kultur zu bescheinigen. Da die Gebiete weit auseinanderliegen und in der Regel auch verschieden ökologisch strukturiert seien, vom Wald im Taï bis zur Savanne in Gombe, könne man ökologische Faktoren nicht ausschließen und das Verhalten sei höchstens öko-kulturell, aber nicht kulturell, lautete der Einwand.

Ein Einwand, den man dank der Arbeit von Christoph Boesch und Lydia Luncz jetzt zurückweisen kann. Boesch, Direktor am Max-Planck-Institut für evolutionäre Anthropologie in Leipzig, arbeitet seit über 35 Jahren mit den Schimpansen im Taï Nationalpark. Dadurch war es ihm auch gelungen, drei verschiedene Gruppen im Park, die eindeutig unter denselben ökologischen Bedingungen leben, so an sich zu gewöhnen, dass man ihnen andauernd folgen kann. Das tat dann auch Lydia Luncz unter einem bestimmten Gesichtspunkt. Schimpansen leben in Gruppen, aus denen nur die Weibchen auswandern, wenn sie geschlechtsreif geworden sind. Es sind aber auch die Weibchen, die die Kultur des Nussknackens pflegen und weitergeben. Die drei Gruppen unterscheiden sich nun sehr stark in der Art und Weise, wie sie Nüsse knackten, ob etwa mit einem Holz- oder Steinhammer. Dazu kommt noch, dass das Erlernen der Praxis sehr lange, bis zu zehn Jahren, dauern kann. Ein Befund, der sich auch dadurch erklärt, dass es Schimpansen genauso wie Menschen schwerfällt, ein Verhalten einfach zu imitieren. In der Regel müssen Menschen wie Schimpansen schon auch verstanden haben, wie ein Verhalten sich organisiert oder organisiert wird, um es nachmachen zu können. Der überraschende Befund bei den die Gruppe wechselnden Schimpansinnen war nun, dass sie die Techniken ihrer neuen Gesellschaft relativ schnell lernten und auch anwandten. Das taten sie selbst dann, wenn ihre in der Geburtsgruppe erlernte Technik effektiver war als die in ihrer neuen Gruppe.

Präriehunde — Wenn man das Glück hat, Präriehunden z. B. in der Grasebene vor dem Devils Tower in Wyoming, ein in der Gottverlassenheit der Gegend treffend benannter Felsenturm, länger zuzusehen, kommt man um ein Detail ihres Soziallebens nur schwer herum. Präriehunde begrüßen sich regelmäßig mit einem Zungenkuss, den sie entweder mit einer scheinbar kreisenden Bewegung ihrer Schnauze über Gesicht und Schnauze des oder der Anderen einleiten oder abschließen. Oft gehen sie dann genauso schnell auseinander, wie sie sich getroffen hatten. Manchmal – und das ist gar nicht so selten – springen sie nach dem Kuss aber auch wie verschreckt zur Seite. Und wenn sie sich danach auch noch mit der feinen Hand über Mund und Kopf fahren und Letzteren heftig kurz schütteln, verfestigt sich der Eindruck, sie könnten etwas schlecht Schmeckendem begegnet sein.

In der Regel ist es aber nicht der schlechte Geschmack, der die Tiere zur Seite springen lässt, sondern bloß die Feststellung, dass der oder die andere nicht zur eigenen engeren Sozial-Umgebung gehört. Präriehunde leben in großen Kolonien, die sich in kleinere Sozialeinheiten, sogenannte Coteries aufteilen. In den Coteries, die man am besten mit Cliquen übersetzt, leben ein bis zwei sexuell aktive Männchen mit mehreren Weibchen und deren Nachwuchs zusammen. Während die Männchen aber regelmäßig zwischen den Cliquen hin- und herwandern, verhalten sich die Weibchen sozial eher konservativ und beschränken ihre Kontakte auf die Cliquenbekannten. Das soziale Wanderverhalten innerhalb der Kolonie hat den Präriehunden unter europäischen Siedlern und ihren Nachfahren bis heute den Ruf eingebracht, sexuell aktiv und reproduktiv äußerst erfolgreich zu sein.

Man muss das weiße europäische Element an der Volksmetaphysik über die Präriehunde betonen, weil es keine Hinweise auf mit sexueller Überaktivität verbundene indigene Erzählungen gibt. In Wirklichkeit beschränkt sich das Sexualleben der ehemals über die gesamte grüne Prärie der Vereinigten Staaten verbreiteten Vegetarier auf genau eine Stunde im Jahr. Mit dem beginnenden Winter sind die Weibchen für diese kurze Zeit empfängnisbereit und wenn es dann geklappt hat, bringen sie drei bis acht Junge zur Welt, von denen etwa die Hälfte das Erwachsenenalter erreichen wird.

Richtig lagen die europäischen Siedler aber mit der Einschätzung der kilometerweiten Ausdehnung der Präriehundkolonien, die sie als Präriehund-Städte beschrieben. Im Zuge der Kolonisierung der großen Grasebene Amerikas schrumpfte der Lebensraum der Präriehunde um mehr als 95 Prozent, was neben der durch Übernutzung verursachten Bodenerosion auch mit den aus Europa mitgebrachten Rindern zusammenhing. Im Unterschied zu den Bisons waren die domestizierten Kühe einfach zu dumm zu lernen, dass man besser nicht in die Höhleneingangslöcher des ausgedehnten Tunnelsystems der Präriehunde tritt, sondern daneben, weil man sich sonst die Beine brechen kann. Für die Präriehunde hieß das nichts Gutes und hatte die bekannt gnadenlose Verfolgung mit Gewehr und Gift zur Folge.

Geküsst wird unter den verbliebenen Präriehundkolonien natürlich weiter und das führte zu einer anderen Entdeckung. Präriehunde springen scheinbar anlasslos auch ohne jeden Kuss sehr euphorisch auf die Hinterbeine und fallen manchmal dabei nach hinten auf den Rücken. Offenbar ist diese Art Sprung ansteckend und verbreitet sich wie eine La-Ola-Welle über die gesamte Kolonie. Mit der Bedeutung des heute „Yump-Yip" genannten Sprungs ist man mittendrin in dem, was der Philosoph Gilles Deleuze die „Kinetik der Population" genannt hat.

Zum Versuch einer Erklärung des Yump-Yip war nicht weniger als ein ganzes Forscherleben notwendig. Und mit Con Slobodchikoff, in China als Kind russischer Emigranten geboren und von dort mit seinen Eltern nach Kalifornien ausgewandert, hatten die Präriehunde mittlerweile ihren kongenialen Meister gefunden. Slobodchikoff, heute Emeritus an der Northern Arizona Universität in Flagstaff, hat über Jahrzehnte die Präriehundkolonie in der Nähe seines Instituts beobachtet und ihr Verhalten, durch Experimente gestützt, analysiert.

Er fand in den Warnrufen der Tiere, die von Nahem wie wirres Vogelgezwitscher und, oft hintereinander gehört, wie leise entferntes Hundebellen klingen, ein hochkomplexes System, das man mit unserer Grammatik vergleichen kann. So beschreiben die Tiere durch Elementverschiebungen in ihren Rufen nicht nur einen Menschen als Grobumriss, sondern als Individuum mit exakter Kleiderfarbenangabe. Und für den Yump-Yip fand Slobodchikoff einen einfachen Grund: Freude. Der Sprung konnte z. B. durch eine Klapperschlange ausgelöst werden, die vorbeigezogen war, ohne den dann springenden Präriehund zu bemerken.

Candleholder, 2010

Schimpanse Freud – Freud entstammte einer berühmten Familie. Als seine Großmutter Flo 1972 starb, widmete ihr die britische *Sunday Times* als erstem freilebenden Tier einen Nachruf. Die *Times* vergaß dabei nicht, Flos und ihrer Familie Beiträge zur Wissenschaft zu würdigen. In mehr als 40.000 Beobachtungsstunden hatte Jane Goodall in Gombe in Tansania Flo, deren Tochter Fifi mit ihren Söhnen Freud und Frodo sowie der Tochter Fanni begleitet und deren Verhalten minutiös protokolliert.

In diesen 1960 von Goodall begonnenen Studien an den Schimpansen von Gombe waren es oft nur Szenen von wenigen Minuten, in die lange Dauer des ereignislosen Geschehens eingebettet, in denen das gesamte Fundament der bis dahin herrschenden anthropologischen Theorien zusammenbrach. Und Freud war nicht selten dabei. So auch an einem Tag des Jahres 1976. Freud war damals fünf Jahre alt und da männliche Schimpansen ihre Mütter erst um das zehnte Lebensjahr verlassen, noch ein eng muttergebundener Junge. Fifi, die Mutter, hatte zwei Wochen vorher ein weiteres Kind zur Welt gebracht. Das Baby am Körper mit einer Hand haltend, machte Fifi Jagd auf Colobusaffen und schaffte es auch, einen jungen Colobus zu ergreifen, den sie dann mit Freud verzehrte. Freud hatte an dem Tag seine Mutter erstmals bei der Jagd unterstützt und seinen eigenen Kampf gegen den anderen Affen schluchzend begonnen, bevor er langsam zum Jagdgehilfen wurde.

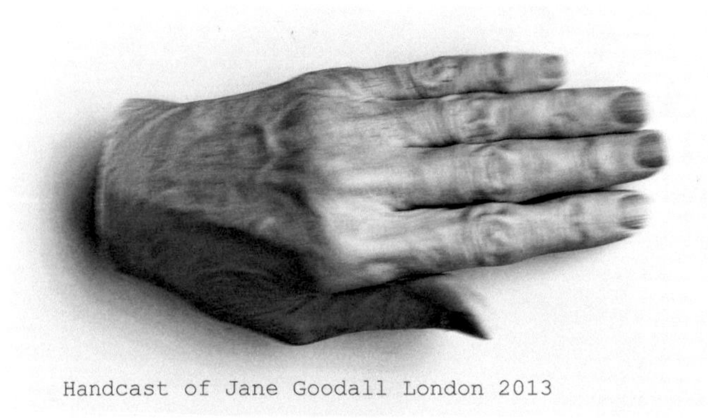

Handcast of Jane Goodall, 2013

Was, in dieser Szene konzentriert, zusammenbricht, ist die seit den 1920er Jahren geltende und bis heute kursierende These vom Mann als Jäger („Man the Hunter“) und der Frau als Sammlerin („Woman the Gatherer“). Nach dieser These gehört es zu den Alleinstellungsmerkmalen des Menschen, dass die Menschenmänner jagen, während die Frauen Samen und anderes sammeln oder am Herdfeuer auf die Fleischbeute der Männer warten. Goodall hatte schon früher beobachtet, dass auch Schimpansen Jagd auf andere Tiere wie kleine Hirsche oder Colobusaffen machen, was das Alleinstellungsmerkmal des organisierten, geschlechtsspezifischen Jagens für den Menschen erledigte. Für viele Anthropologen blieben Goodalls Jagdbeobachtungen an den Schimpansen aber insofern akzeptabel, als es auch bei ihr am Anfang nur die Männer waren, die Colobusaffen oder Buschböcke fingen und aßen. Mit der Zeit häuften sich aber bei Goodall die Beobachtungen von Schimpansenfrauen, die mit anderen Frauen oder ihren Kindern andere Affen jagten.

Die These von den aktiv jagenden Männern und den eher passiv sammelnden Frauen hatte sich allerdings mit Fifi mit einem neugeborenen Baby im Arm in einer Dimension erledigt, die bis heute schwer nachzuvollziehen zu sein scheint.

Goodall hatte mit der jagenden Fifi und ihrem anfänglich weinerlichem Sohn Freud, der erst in das erbarmungslose Ritual des Jagens eingewiesen werden musste, aber nicht nur Anthropologen und Philosophen einen Schlag versetzt, sie hatte auch das Namensvorbild des jungen Schimpansen, den Psychoanalytiker Sigmund Freud, ohne groß darauf herumzureiten, korrigiert.

In Freuds Urhorde waren es vor allem die Brüderbanden, die Gewalt als normale Umgangsform pflegten und das Urverbrechen des Vatermords begingen, um sich lästiger Konkurrenz zu entledigen. Frauen spielten bei Freud am Anfang der Menschenzeiten kaum eine Rolle, mit Ausnahme natürlich jener der Mutter. Bei Goodall aber lernt der junge Freud das Töten eben von seiner Mutter. Namen, muss man hier ein Sprichwort korrigierend sagen, sind nicht Schall und Rauch, sondern Donner und Feuer. Goodall schreibt allein durch ihren gleichbleibend distanzierten Stil dem Namen Freud Ambivalenzen ein, die die am Geschlecht hängenbleibenden Theorien nicht fassen können. Freud hatte nur zwei Jahre nach seinem jämmerlichen Beginn offensichtlich kurz jede Scheu überwunden. Im Jahr 1978 gibt es in Goodalls Statistiken einen unheimlichen Anstieg der aggressiven Ausfälle junger Männer gegen die Frauen von Gombe. Goodall erklärt den Fall nicht weiter, schreibt nur lapidar dazu, dass alle diese Fälle von Freud verursacht wurden. Mit neun Jahren bricht sich Freud allerdings den Knöchel und kann nur sehr langsam laufen. Die Mutter Fifi und der jüngere Bruder Frodo warten aber stets auf den Kranken und wenn er vor Schmerzen heult, weint der jüngere Bruder immer mit und streichelt den Knöchel. Es sind Momente der Empathie, die Goodall hier beobachtet, die nicht ohne Folgen bleiben. Freud wird in der Folge auch zu einem aufmerksamen Mitbetreuer seiner jüngeren Schwester Fanni, ohne dadurch aber zu einem besseren Mann zu werden. In den von Männern geführten Kriegen gegen andere Schimpansengruppen besticht er weiterhin durch Aggression und Killerkunst.

Ennoi, 2022

Schleimpilze – In eine Schleimpilzamöbe eingeschlossen zu werden, wäre ein Albtraum, wenn die Opfer nicht so klein wären, dass sie keine Albträume haben könnten, fasste der Erfinder des „egoistischen Gens", Richard Dawkins, den Prozess der Nahrungsverschlingung der Schleimpilze plastisch zusammen.

Alteuropäische Kommunistenjäger hingegen erinnert die Fähigkeit der Schleimpilze, aus winzigen Individuen riesige, klebrige Gebilde zu formen, in denen die Individuen ununterscheidbar aufgehen, an den „neuen Menschen, den Lenin, Stalin, Mao, Pol Pot und Rudi Dutschke mit mehr oder weniger Gewalt und Umerziehung herstellen wollten". Was sind das also für Lebewesen, diese Schleimpilze, die dazu auch noch in der Lage sind, den U-Bahn Plan von Tokio zu imitieren, wie man im Fachblatt *Science* lesen konnte? Bevor sie zu Myxomyzeten, wie Schleimpilze wissenschaftlich heißen, werden konnten, mussten sie erst einige Hindernisse überwinden. In fast allen alten Lehrbüchern werden Schleimpilze als vernachlässigte Klasse vorgestellt, weil sie für den Menschen keine wirtschaftliche Bedeutung haben. Wobei das Schöne der Schleimpilze sich schon in ihrer Verweigerung gegen den Ökonomismus zeigt: ihr anti-ideologisches Potential. Schleimpilze haben sich allen Versuchen erfolgreich widersetzt, sie in den klassischen Ordnungen von Tieren, Pflanzen und Pilzen unterzubringen, obwohl sie Merkmale aus all diesen Ordnungen aufweisen. Neuere Stammbäume zählen Schleimpilze zu den Amöbozoa. Man darf sich diese „Stammbäume" aber nicht mehr wie den alten Baum mit der Hierarchie von Wurzel, Stamm und Krone vorstellen. Die aktuellen Stammbäume werden als wurzellose, enthierachisierte Sterndiagramme dargestellt, in denen oben und unten eher eine Frage des Drehmoments ist als der Natur. Eine Entwicklung zu der die Schleimpilze bzw. ihr Erforscher, der amerikanische Biologe John Tyler Bonner, Wesentliches beigetragen haben. Bonners Autobiographie liest sich denn auch wie ein amöboides Gebilde, in dem sich die Grenzen zwischen Gruppen von sozialen Individuen und einem einzigen, vielzelligen Lebewesen andauernd verwischen, wie es bei den Schleimpilzen auch der Fall ist.

Die Klasse der Schleimpilze umfasst mehr als tausend Arten. In ihrer amöboiden Phase leben Schleimpilze als Fäulnisbewohner in Totholz, Laub und anderen organischen Abfällen. In diesem Stadium

Herbstschönheiten, 2022

bilden sie eine einzige vielkernige Riesenzelle. Diese Zellen können mikroskopisch klein sein. Sie können aber auch riesige Ausmaße annehmen. So haben es Forscher aus Bonn mit der Zucht einer fünfeinhalb Quadratmeter großen Zelle des Schleimpilzes *Physarum polycephalum* ins *Guinness Buch der Rekorde* geschafft: Sie gilt als größte Zelle der Welt. Bekannter sind aber die 15 bis 20 Zentimeter langen oder breiten roten, gelben oder blaugrauen Zellen von Arten wie Blutmilchpilz oder der Gelben Lohblüte, die es wegen ihres schleimig farbigen Aussehens zu volksmythischen Namen wie „Wolfsmilch" und „Hexenbutter" gebracht haben. Die Fortbewegung der schleimigen Riesenzellen erfolgt über Strömungen im halbflüssigen Inneren. Dabei bewegen sie sich entweder als einheitlicher Klumpen oder sie strecken Schleimfüße aus, auf denen sie sogar laufen können. Zum Fressen schließen die Zellen ihre Nahrung, Bakterien oder winzige organische Partikel, ein, umschlingen sie mit ihren Pseudofüßen und nehmen sie ins Innere auf wie in Dawkins Albtraum.

Es gibt bei den Schleimpilzen aber auch ein Phänomen, dass die Angst vor dem Kommunismus wach werden lässt. Schleimpilze können eine Zeitlang einzeln durch die Gegend kriechen. Sie können aber auch auf sozial umschalten. Dann versammeln sich an bestimmten Nahrungshaufen mehrere Schleimpilzamöben und wachsen zu einem länglichen Klumpen zusammen. Der Klumpen, der sich ähnlich wie eine Nacktschnecke bewegt, hat ein Vorder- und Hinterende und geht gezielt etwa auf eine Lichtquelle zu. Die Individuen dieses Körpers haben ihre Individualität zugunsten eines Gesamtorganismus aufgegeben. In manchen Fällen konnte man bei solchen sozialen Amöben auch beobachten, dass sie Bakterien nicht nur fraßen, sondern sammelten und züchteten. Das soziale Moment ist damit aber bei Schleimpilzen noch nicht festgeschrieben. Wenn sich der nacktschneckenähnliche Klumpen fortpflanzt, vererbt er die Vielzelligkeit der Klumpen nicht. Aus ihnen gehen wieder einzellige Amöben hervor, die allein durch die Welt der toten Hölzer ziehen. Die Schleimpilze können ihre Individualität sehr einfach in einem Gesamtkörper aufheben, ohne dass die Fähigkeit zur Individuation in der nächsten Generation verloren geht. Schleimpilze haben damit eine Lebensweise erfunden, die zwischen Individualität und sozialem Gesamtkörper hin- und herschwimmen kann.

Seehund — Die Szene ist leicht vorstellbar. Man muss sich nur in einen Zoo versetzen, sagen wir in das New England Aquarium in Boston und dort so vor sich hinträumen, bis unmissverständlich eine Aufforderung ertönt. „Hey, you get out of there, get over here“, wird da in einem astreinen Maine-Fischer Dialekt gerufen. Nur ist dort, wenn man sich umdreht und die Quelle des Rufes sucht, kein Fischer und auch kein anderer Mensch, sondern nur ein Seehund und der fragt nach einer Pause auch noch „Whaddaya doin'?“. Dabei zuckt das Tier weder mit der Wimper, noch bewegt es die Lippen. Wie bei einem Bauchredner dringen die Worte deutlich aus dem Seehund und bestehen auch nicht aus platten Wiederholungen, sondern fordern gestenlos zum Dialog auf.

Die ersten Tierpfleger im Aquarium in Boston, die Hoovers Worte, so hieß der Seehund, 1976 vernahmen, waren sich denn auch nicht sicher, ob sie nicht eventuell verrückt geworden seien. Was natürlich ist, aber auch keine Ausrede, denn nichts ist geheimnisvoll an Hoovers Geschichte und vorgewarnt waren sie. Der Fischer George Swallow, von dem Hoover seinen Akzent übernahm, hatte, als er Hoover im August 1971 dem Aquarium übergab, die Leute dort wissen lassen, dass Hoover sprechen könne und es auch gern tue. Da man Swallow aber nicht glaubte bzw. eventuell für verrückt hielt, hatten die Aquarianer ihre eigenen Leute an den Rand des Wahnsinns gebracht.

Heute, da Hoover über das *Reader's Digest*, den *New Yorker* und die Fernsehshow *Good Morning, America* genauso in die amerikanische Populärkultur eingegangen ist, wie er zu einer festen Referenz in der Sprach-Evolutionsforschung und der Anthropologie wurde, kann man ihn und seine Geschichte als Warnung lesen, Tieren nicht vorschnell den geübten Umgang mit der menschlichen Sprache abzusprechen. Noch 2015 konnte man lesen, dass nur fünf Arten von Säugetieren – nämlich Menschen, Fledermäuse, Elefanten, Seehunde und Wale – dazu imstande wären, neue Laute so zu lernen und zu reproduzieren, dass man ihnen Menschenworte beibringen könne. Eine Einschätzung, der man besser skeptisch begegnet, wenn man nicht – wie die Tierpfleger in Boston – unnötig an seinem Verstandeszustand zweifeln will, der in unseren Tagen ja sowieso ständig auf die ungeheuerlichsten Proben gestellt wird.

An Hoover kann man einige der Eigenheiten des tierischen Umgangs mit der menschlichen Sprache gut studieren. Als George Swallow im Mai 1971 den verwaisten Seehund an der Küste von Maine fand und beschloss, ihn zu Hause großzuziehen, fütterte er ihn zuerst mit Milch, die Hoover strikt ablehnte und dadurch immer dünner wurde. Was ein völlig normaler Vorgang ist. Denn die alleinerziehenden Seehundmütter säugen ihre Jungen nur vier Wochen, allerdings mit einer mit einem Fettanteil von 45 Prozent der nahrhaftesten Milchsorten unter den Säugetieren. Sie sorgt dafür, dass die Kleinen schnell heranwachsen und gehörige Fettreserven für die Zeit des Selbstständig-Werden-Müssens anlegen können. Nach den vier Wochen müssen sie sich selbst das Garnelensuchen und Fischefangen beibringen. In dieser „Lernzeit" nehmen sie teilweise extrem ab und wären ohne die Reserven zum Sterben verurteilt. Und genau in dieser „Lernzeit" fand Swallow Hoover.

Erst als Swallow zur Fischnahrung überging, verschlang der Kleine die Makrelen wie ein Staubsauger, woher er seinen Namen bekam. Dabei redete Swallow ständig mit Hoover, was Alice Swallow, Georges Frau, in ihrem Buch *Hoover the Seal and George* detailliert beschrieben hat. Die Sprachforscher, die Hoover später ausdauernd untersuchten, waren Alice sehr dankbar, weil sie so Hoovers frühe Äußerungen eindeutig als Imitationsspiele identifizieren konnten.

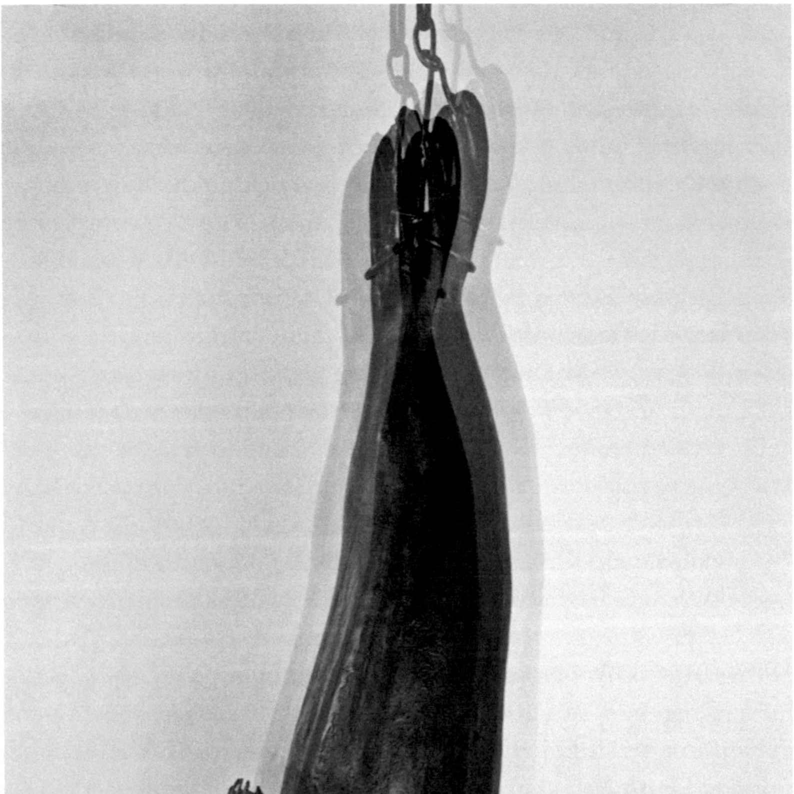

Ohne Titel
(„Es gibt kein unglücklicheres Wesen unter der Sonne als einen Fetischisten, der sich nach einem Frauenschuh sehnt und mit einem ganzen Weib vorlieb nehmen muss“ K.K.: F.), 1991

Uneindeutig wurde Hoover erst später. Nachdem er Swallow mit seinem Nahrungsbedarf über den Kopf gewachsen war und im Aquarium ein neues Zuhause mit Schwimmbecken gefunden hatte, schwieg er erst einmal fünf Jahre, bis er wieder anfing zu sprechen. Sein Sprechen wies dann Eigenheiten auf, die zu unterschiedlichen Interpretationen führten. Hoover sprach am liebsten, wenn er allein im Becke schwamm, mit sich. Er hörte während der Paarungszeit, in der männ-liche Seehunde prinzipiell extrem laut sind, immer ganz damit auf. Der Anthropologe Terrence Deacon folgerte daraus, dass Hoover vor allem aus Langeweile spreche und auch nicht wisse, was er da rede. Im ersten Punkt kann man Deacon folgen, im zweiten sollte man sich besser nicht so sicher sein.

Gorilla-Dame Koko — „Tiere reden. Sie schreiben nicht." William S. Burroughs schrieb Mitte der 1970er Jahre in seinem Text *Die elektronische Revolution* so entschieden wie immer. Und doch hatte es in seinem Denken über Sprache und Tiere eine Verschiebung gegeben. In seinen frühen Texten teilte Burroughs noch die Sprachauffassung des Linguisten Noam Chomsky, nach der zwischen Tieren und Menschen, die Sprache betreffend, eine radikale Diskontinuität herrsche. Sprache ist nach Chomsky ein einzig dem Menschen vorbehaltenes kognitives Organ. Nach Burroughs alter Sprachtheorie war die Fähigkeit zum Sprachgebrauch über ein Virus zum Menschen gekommen, das im menschlichen Genom die notwendige Mutation provoziert hatte, die uns wie in einem Entwicklungssprung von einem Tag zum anderen sprechen ließ.

Auf einmal aber, auch wie im Sprung, konnten Tiere reden und auch wenn Burroughs sich in seinem Text auf die immense Kommunikationsfähigkeit der New Yorker Ratten bezog, die bis heute jeden gegen sie von Menschen angezettelten Krieg nicht nur überstanden, sondern immer mit einer noch resistenteren Stabilisierung ihrer Populationen beantworteten, konnte man das Reden von bestimmten Tieren in den Vereinigten Staaten kaum übersehen.

Ab Mitte der 1960er Jahren hatten dort Forscherinnen begonnen, Schimpansen, Orang-Utans und Gorillas die amerikanische

Gebärdensprache Ameslan beizubringen, um mit ihnen ins Gespräch zu treten. Weithin wahrgenommene frühe Stars dieser Szene waren die Schimpansinnen Lucy und Washoe. Beide waren seit der frühesten Kindheit in amerikanischen Forscherfamilien aufgewachsen und erzogen worden wie Menschenkinder. Berühmt wurden sie vor allem durch Wortkreationen. So hatte Lucy Zwiebeln mit der Zeichenfolge „Weinen-Früchte" und Rettich mit „Weinen-Wehtun-Nahrungsmittel" bedacht, während Washoe, als man sie mit einem Schwan konfrontierte, die Zeichen für „Wasser-Vogel" gebärdete. Wirklich verblüffend wurde es, als die Psychologin Francine Patterson begann, ihre Unterhaltungen mit dem Gorillaweibchen Koko zu veröffentlichen. Auch Koko, 1971 im Zoo von San Francisco geboren, war im Alter von sechs Monaten in die Obhut Pattersons geraten und bei ihr aufgewachsen. Patterson berichtete von Beschreibungen, die Koko von gegenwärtigen und vergangenen Ereignissen gemacht hatte, von Witzen, Drohungen

Wearing Propaganda, 1996

und Beleidigungen. Koko, die damals über ein Vokabular von 600 Wörtern verfügte, hatte z. B. die Zeichen für Nuss und Vogel regelmäßig eingesetzt, um ihre Lehrerinnen zu traktieren. „Du Nuss" war aber nur eines ihrer Schimpfwörter. Furore macht bis heute ein Dialog, den Koko mit ihrer Ausbilderin Maureen führte. „Wann sterben Gorillas?", hatte Maureen gefragt, worauf Kokos Antwort lautete: „Beschwerden, alt." Maureen fragte dann weiter: „Wohin gehen Gorillas, wenn sie sterben?" Koko: „Bequemes Loch. Auf Wiedersehen." „Was fühlen Gorillas, wenn sie sterben: Glück, Trauer oder Angst?", wollte Maureen dann noch wissen und Koko antwortete entschieden kurz: „Schlafen."

Patterson schloss aus unter anderem dieser Unterhaltung, dass Gorillas neben einem Selbstkonzept auch über ein Konzept des Todes verfügen. Beide, Selbst- wie Todeskonzept, würden die außerordentlich sensiblen Tiere aber nur in einer entspannten, familiären Atmosphäre offenbaren. Für Pattersons Annahme spricht, dass Koko bis jetzt die einzige Gorilla-Dame ist, die sich im Spiegel erkannte. Merkwürdig war allerdings auch, dass Koko, wie Patterson berichtete, nicht die geringste Ahnung davon haben konnte, dass Menschen ihre Toten beerdigen. Kokos Antwort – „Bequemes Loch. Auf Wiedersehen" – wurde dann auch zum Einfallstor all jener Kritiker, die Affen schon immer jede eigenständige Sprachfähigkeit absprachen. Für sie lag hier nichts anderes vor, als eine äußerst subtile Form von Nachahmungslernen in dem Sinne, dass Koko verstanden hatte, welche Zeichen die Lehrerin sehen wollte. Es handelte sich demnach nicht um eine eigenständige Sinnproduktion, sondern bloß um einen Effekt des Belohnungssystems. Sage ich das Richtige, freut sich die Lehrerin und was das Richtige sein wird, lese ich an feinsten Körpersignalen des Gegenübers ab. Diese kritische Interpretation konnte zwar nicht erklären, warum Koko auch im Spiel mit ihren Puppen die Gebärdensprache anwandte und jedes Mal scham-voll damit aufhörte, wenn sie bemerkte, dass sie dabei beobachtet wurde. Die teils heftige, teils auch vernichtend formulierte Kritik an Kokos Unterhaltungen führte zur vollständigen Einstellung der Gebärdensprachversuche und zerstörte akademische Karrieren. Patterson brach darauf jeden Kontakt zur Wissenschaft ab und zog sich mit Koko auf eine Farm in Kalifornien zurück. Dort ist Koko am 19. Juni 2018 im Alter von 46 Jahren gestorben.

Dorfidylle, 2022

Hausschwein – Gottfried Benn war in Hochform als er dichtete: „Die Krone der Schöpfung, das Schwein, der Mensch". Während man in der Schule noch Lust hatte, mit den Zeilen sozialdemokratisch weichgespülte Lehrer wie hartgesottene Humanisten zu ärgern, sieht das heute anders aus. Zu oft haben sich einem in den Jahrzehnten danach Leute in narzisstischer Aufblähung gezeigt, die mit Benns Worten im Mund größer anstatt kleiner wurden. Am Ende wird es so sein wie seit zweitausend Jahren: Benn hat mit seiner Doppeldeutigkeit eher die Schweine beleidigt als den scheinbar unbesiegbaren Narzissmus der Leute getroffen. Was bleibt, ist die immerhin von Benn angesprochene Nähe von Schweinen und Menschen. Eine für Schweine allerdings nicht immer vorteilhafte Nähe.

Es gibt in Martin Scorseses Film *Gangs of New York* eine Szene, in der eine Form der Ähnlichkeit von Menschen und Schweinen gezeigt wird, die zumindest für Menschen zukunftsträchtig zu sein scheint. „Der Metzger" („The Butcher"), einer der Gangführer im Film, steht da vor zwei hängenden Schweinehälften und sticht mit eleganter Wucht zwischen die Rippen. Vom sich wundernden, von Leonardo DiCaprio gespielten Jungen gefragt, was er da tue, erklärt der Butcher, dass es keine größere Ähnlichkeit gebe als die zwischen der Rippenlage von Menschen und Schweinen. Man kann an der Schweinehälfte also gut trainieren, mit dem Messer zwischen die Rippen zu stechen und nicht voll dagegen. Die anatomische Nähe macht Schweine schon länger zu brauchbaren Objekten, wenn es darum geht, komplizierte Operationen wie Herztransplantationen zu üben. Und die Schweineleber ist auf dem Weg des medizinischen Fortschritts dabei, zu einem Objekt zu werden, das vielleicht in naher Zukunft direkt dem Menschen eingepflanzt werden kann. Philosophisch betrachtet wäre in diesem Fall dann tatsächlich so etwas wie ein Schweinemensch oder Menschenschwein entstanden, ein echter Hybrid.

Hybridhaft war das Verhältnis von Schweinen und Menschen wahrscheinlich aber von Anfang an. Schweine zeigen nämlich ähnlich wie Hunde, wenn man sie im engen körperlichen Kontakt mit Menschen hält, in diesem Verhältnis deutliche Anzeichen von Glück, wie man sie bei anderen Tieren nur selten oder nie sieht. Es gibt einen Film des Humanbiologen Irenäus Eibl-Eibesfeldt, der die enge Form der Bindung zwischen Schweinen und Menschen dokumentiert. *Eipo (West-Neuguinea, Zentrales Hochland) – Umgang mit Schweinen* heißt der Film. Die Eipo gehen in diesem Film mit den Schweinen nicht nur zärtlich um, sie tragen die Ferkel z. B. auch in einer Art Rucksack bei der Feldarbeit mit sich und die Ferkel scheinen den Ausblick von da oben zu genießen. Die Eipofrauen säugen die kleinen Ferkel auch, kraulen und küssen sie, und wenn der Tag zu Ende geht, nehmen sie sie oft mit in die Hütte und schlafen mit ihnen. Die enge Bindung hindert sie aber nicht daran, die Schweine auch irgendwann zu essen. Wie es überhaupt im pazifischen Raum, in dem die Schweine vor etwa achttausend Jahren, wahrscheinlich in China, domestiziert wurden, einen Zusammenhang gibt zwischen der Wertschätzung der Schweine und der Tatsache, dass man sie isst. Im Pazifikraum wird Schweinefleisch überall gegessen, es fehlen aber völlig die negativen Attribute, die man Schweinen in Christentum, Judentum und Islam zuschreibt. Im Gegenteil galten sie dort als „symbolische Verkörperungen des Glücks, der Fruchtbarkeit und des Reichtums“, wie der Kulturwissenschaftler Thomas Macho in seiner Schweinestudie *Schweine. Ein Porträt* schreibt. Schweine nicht zu essen, ist also, könnte man folgern, noch kein ausreichender Akt, um für die Tiere ein besseres Leben möglich zu machen. Vielleicht sollte man eher fordern, sie wieder überall sehen zu können, wie auf Rarotonga, der Hauptinsel der Cook Islands. Wenn man dort im zentralen Bergwald spazieren geht, passiert es bestimmt, dass einen eine grunzende Sau mit ihren Ferkeln erschreckt, die gerade am Waldboden Futter sucht. Abends geht sie dann, das versicherte der Besitzer glaubhaft, von allein mit ihren Jungen zurück in den Stall.

Chicken Schultz, 2022

Haushuhn — Die Meldung war nur kurz, hatte es aber in sich. Auf der britischen Kanalinsel Jersey war eine Warnung vor wahrscheinlich sechs „Gangs“ entlaufener Haushühner ausgegeben worden, von denen eine mehr als hundert Vögel vereinigte. Die Hühnergangs terrorisierten, so hieß es, zunehmend die Ortschaften der Insel. Durch sehr frühes Krähen rissen die Hähne die Anwohner aus dem Schlaf, verwüsteten durch wahrscheinlich gruppenmäßig gut koordiniertes Scharren deren Gärten und würden außerdem zu einer Verkehrsgefahr.

Das war nach einer zufällig Anfang der 1990er Jahre entdeckten Geschichte in der *New York Times* – als die Zeitung noch so dick war, dass man ohne Zweifel glauben konnte, dass in ihr mehr Welt Platz fände als in jedem Buch – der zweite Bericht vom Widerstand der Hühner, den man zur Kenntnis nahm. In der *Times* ging es um eine entlaufene Henne, die in der ländlichen Umgebung New Yorks immer wieder versucht hatte, in Hühnergehege einzudringen und die Hennen zur Flucht mit ihr aufzufordern. Aber obwohl der Henne eine immense Hartnäckigkeit bescheinigt wurde, war sie mit ihren Rekrutierungsversuchen erfolglos geblieben.

Wenn man kurz davon absieht, dass das frühe Krähen bis in die 1920er Jahre auch noch zum Stadtgeräuschbild von Berlin oder Paris gehörte, bergen die Gruppenbildung der Hühner und ihr vehementes Scharren Widerstandspotentiale, die immer noch unterschätzt werden. Um die 20 Milliarden Hühner gibt es auf der Welt, und in der Zahl sind die Milliarden zählenden männlichen Küken nicht enthalten, die jedes Jahr getötet werden, weil sie keine Eier legen und zu viel Futter verbrauchen, bis ihr Fleisch verwertbare Hühnerbrüste hergibt. Und von diesen Milliarden Hühnern wird die weitaus größte Zahl in sogenannten Legebatterien auf das Schändlichste am ausufernden Scharren gehindert. Eine Tat, für die es absolut keine Rechtfertigung gibt, zumal auch die Wissenschaften ihr Bild von Hühnern mit jedem neuen Bericht ändern müssen.

War das Bild des Sozialverhaltens der Haushühner über Jahrzehnte von Thorleif Schjelderup-Ebbes 1922 erschienener Schrift *Zur Sozialpsychologie des Haushuhns* bestimmt worden, ist heute besonders von seiner „Hackordnung" nichts mehr übrig. Schjelderup-Ebbe hatte auf dem Hof seiner Mutter entdeckt, dass die Hennen in einer strengen Ordnung lebten. Sie hackten in absteigender Reihe aufeinander ein. Der letzten Henne blieb nichts anderes, als in Auseinandersetzungen häufiger den Kopf zu schütteln oder sich zu putzen. Schjelderup-Ebbe leuchtete das Prinzip so ein, dass er die „Hackordnung" für universell wirksam erklärte.

Die aktuelle Hühnerforschung berichtet dagegen von einer extremen Abhängigkeit z. B. des Aggressivitätsverhaltens von den Bedingungen der Aufzucht und der sozialen Umgebung. So kämpfen isoliert aufgezogene Küken mehr als soziale und wenn sie kein anderes Ziel ihrer Wut finden, dass sich bewegt, sogar gegen den eigenen Schwanz. Wobei Selbstverletzungen unter den Massenhaltungsverhältnissen zum Alltag gehören.

Mit hinreichend Platz versehene Hühnergruppen zeigen aber weder eine stumpfe Rangordnung noch über ein krähendes Aufrecken des schönen Kopfes hinausgehende „Kämpfe“ zwischen Hähnen. Neben einem kontextabhängigen, bedeutungsreichen Gebrauch ihrer Laute sind gerade Hennen auch zu wechselnden komplexen Koalitionsbildungen fähig, die einer Verhärtung der Ranggefüge entgegenstehen. Manche Forscher glauben auch, dass Hühner eine Ahnung ihres bevorstehenden Todes haben. Aber wie dem auch sei, in der Literatur gibt es eine andere folgenreiche Wirkung des Todes eines Huhnes. Albert Camus erzählt in seinen Kindheitsberichten davon, wie ihn seine Großmutter in Algerien in den Hinterhofkäfig schickte, um eine Henne zum Schlachten einzufangen. Die Erfahrung der körperlichen Reaktion der Henne nach der Enthauptung machte Camus so empfänglich für die Berichte von menschlichen Körperreaktionen unter der Guillotine, dass er in Frankreich zu einem der wirkmächtigsten Kämpfer gegen die Todesstrafe wurde.

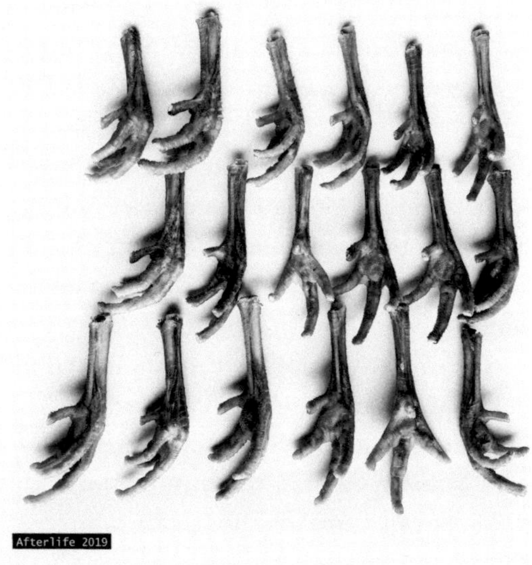

Afterlife, 2019

Hausmaus – Die Kritik der Mäuse, der Karl Marx das Manuskript seiner „deutschen Ideologie“ ohne Reue überließ, ist berüchtigt. Picasso ertrug die Launen und das Geschrei seiner Eule auch, weil sie ihm die Mäuse in seinem Atelier von Farben und Leinwand fernhielt. Und Franz Kafka soll, so erzählte es Marcel Beyer einmal, zu einem der Erfinder des Katzenklos geworden sein, damit seine Katze ihm 24 Stunden lang das Getrippel und hohe Gefiepe der kleinen Nager aus den Ohren halten konnte.

Bei Hausmäusen ist die „Rund-um-die-Uhr-Betreuung“ aber auch nötig, denn selbst wenn sie die Nacht als Tätigkeitszeit eindeutig bevorzugen, können sie ihre Ruhe- und Bewegungsperioden bis zu zwanzigmal in 24 Stunden abwechseln. Überempfindliche Ohren, wie Kafka sie hatte, werden sich also kaum an die Ruhephasen der Mäuse anpassen können. Solche Ohren werden immer mit dem Schrei der Mäuse rechnen, wie Aristoteles mit dem der Schmetterlinge. Und tatsächlich finden sich in Kafkas Tagebüchern und Tiergeschichten deutliche Hinweise auf seine lange Beschäftigung mit Mäusen.

Josefine, die Sängerin oder Das Volk der Mäuse heißt eine seiner letzten, 1924 im Jahr seines Todes, erschienenen Geschichten. Darin hat das Volk der Mäuse allerdings eigentlich keine Zeit zum Singen. In ihrem beschwerlichen, ständige Wachsamkeit erfordernden Leben gibt es keinen Platz für Musik, selbst wenn die Mäuse einmal das Verlangen nach dem Glück, das von der Musik ausgeht, verspüren sollten. Doch mit Josefine taucht unter den Mäusen, die bis dahin nur das Pfeifen kannten, eine Sängerin auf, der es sofort gelingt, ihr Volk zu verstören und zu betören. Und von heute aus bietet sich die Mäusegeschichte an, Kafka eben nicht als Fabeldichter, sondern als Realisten der durch Labor und Haus veränderten Tierwelt zu lesen. Denn dass Mäuse tatsächlich nicht nur pfeifen, sondern auch singen können, ist erst in den vergangenen Jahren in den Blick der Wissenschaft geraten.

Die erste systematische Arbeit zu den Ultraschallgesängen männlicher Mäuse erschien 2005. Womit auch erklärt werden konnte, warum der Gesang nur wenigen Menschen überhaupt ins Ohr gedrungen war. Mäuse produzieren ihre Gesänge nur im für menschliche Ohren unhörbaren Ultraschallbereich, während ihre Warn-, Schreck- und Kontaktpfiffe auch für Menschen wahrnehmbar sind. 2012 erschien dann im Fachjournal *Plos One* eine Studie, die die Mäusegesänge zum Singen von Vögeln und Menschen in Beziehung setzte.

Durchgeführt von Gustavo Arriaga, Eric P. Zhou und Erich D. Jarvis, Neurowissenschaftlern der Duke Universität, führte die Studie Mäuse in den bis dahin exklusiven Club der gesanglernenden Tiere ein. Zu dem gehörten drei Gruppen der Vögel – Papageien, Kolibris und Singvögel – sowie verschiedene Säugetiere wie Delphine, Wale, Fledermäuse, Elefanten, Seelöwen und Seehunde.

Für die Einordnung der Mäuse in die Reihen der singenden Tiere war es hilfreich, dass auch bei ihnen wie in der Überzahl der Fälle im Tierreich vorrangig die Männchen singen. Das hat mit der Hauptfunktion der Gesänge zu tun. Gesungen wird in der Regel, um Reviere zu

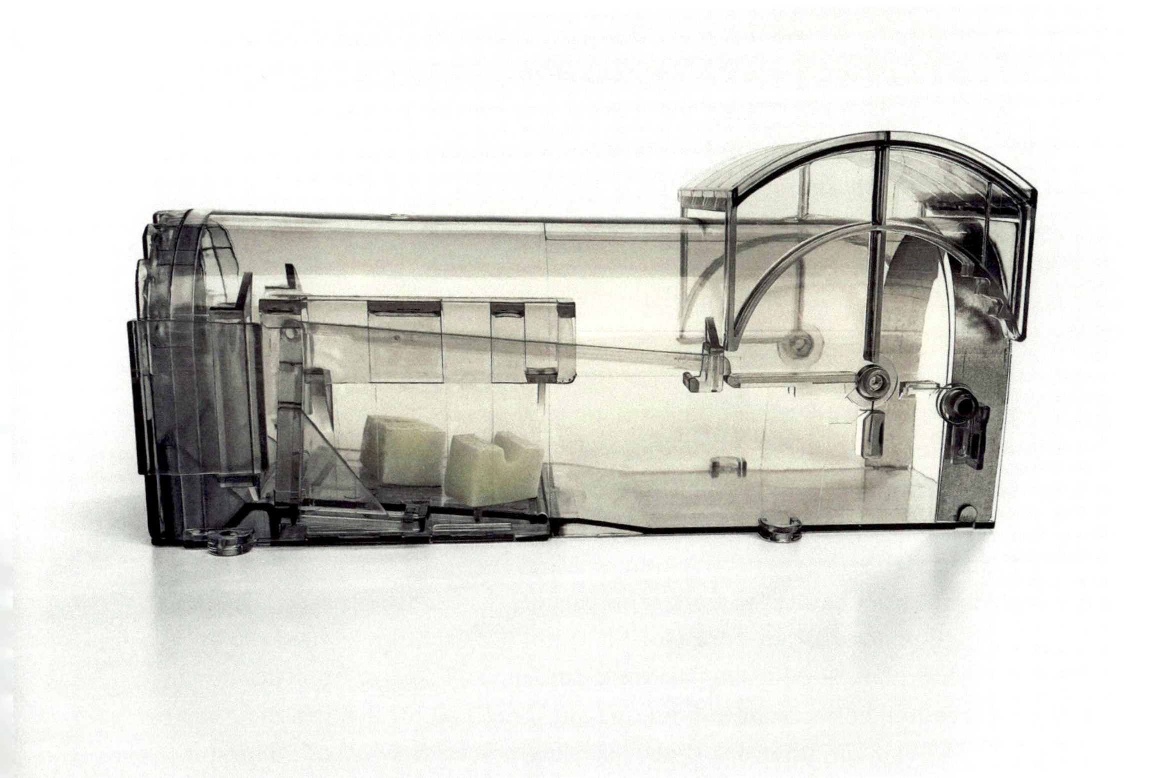

Mouse Trap, 2022

markieren, also männliche Rivalen fernzuhalten und Weibchen anzulocken bzw. von den Qualitäten des Sängers zu überzeugen.

Das Gleiche gilt für Mäuse, gerade auch dann, wenn sie in größeren Gruppen leben und sich nicht als Einzelgänger in Revieren von ihren Rivalen absondern. Für die Forscher war die Geselligkeit der Mäuse ein Vorteil, weil sich so leichter zeigen ließ, dass sie tatsächlich auf den Gesang der Rivalen reagieren. Die Sänger passten sich dem Niveau ihrer Konkurrenten teilweise bis in die Frequenzebenen an. Sie nahmen Teile der Klangfolgen anderer Mäuse in ihren Gesang auf und synchronisierten sich so. Die Sänger achteten trotzdem immer auch darauf, unverwechselbar zu bleiben. Das taten sie manchmal, indem sie die Silben neu und eigenwillig anordneten oder einfach nur länger sangen.

Nim Chimpsky, geboren am 19. November 1973 und gestorben am 10. März 2000, war der Schimpanse, an dem sich die Geister bis heute scheiden. Es sind die Geister von Menschen, die sich nicht einig sind, wenn es um Chimpsky geht, und die Frage, die den Disput beherrscht, ist die Frage nach dem Geist der Tiere. Chimpsky gehört zu einer Reihe von Menschenaffen – es waren Schimpansen, Orang-Utans und Gorillas –, denen man die amerikanische Gehörlosensprache Ameslan beigebracht hatte, um mit ihnen ins Gespräch zu kommen.

Der Gedanke hinter diesen Experimenten war folgender: Wenn Tiere nicht nur mechanische Lebewesen sind, als die sie der Philosoph René Descartes ansah, sondern an Formen des Denkens teilhaben, die dem menschlichen Denken verwandt sind, wie Charles Darwin meinte, dann kann es sinnvoll sein, den Tieren die Möglichkeit zu geben, ihre Gedanken auch zu äußern.

Die bis heute bemerkenswertesten Resultate erzielte die Psychologin Francine Patterson mit der Gorilla-Dame Koko. Koko lernte besser als die Schimpansen. Mehr als tausend Zeichen soll sie am Ende der Versuchsreihen beherrscht haben, und sie sprach nicht nur, wie die meisten Probanden, über das Essen. Sie zeigte Scham, war höflich und machte Witze. Und in einem der Gespräche diskutierte sie sogar über den Tod.

Dass Menschenaffen eine Ahnung von ihrer Sterblichkeit haben, hatte der 1918 geborene niederländische Zoologe Adriaan Kortlandt bereits lange vor den Sprachversuchen behauptet. Die Dialoge der Gorilla-Dame Koko mit ihren menschlichen Freunden schienen ihn zu bestätigen. Was folgte, war ein regelrechter Boom wissenschaftlicher Hypothesen zur Sprachfähigkeit und dem Einsatz symbolischer Zeichen durch Affen – bis 1979.

In diesem Jahr veröffentlichte der Psychologe Herbert Terrace seine Ergebnisse aus den Sprachversuchen mit Nim Chimpsky; der Name des jungen Affen war eine liebevoll gemeinte Verballhornung des Sprachwissenschaftlers Noam Chomsky. Chomsky gehört bis heute zu den Vertretern einer Linguistik, die Sprache als ein spät (nach neuesten Forschungen vor etwa 50.000 Jahren) entstandenes, allein

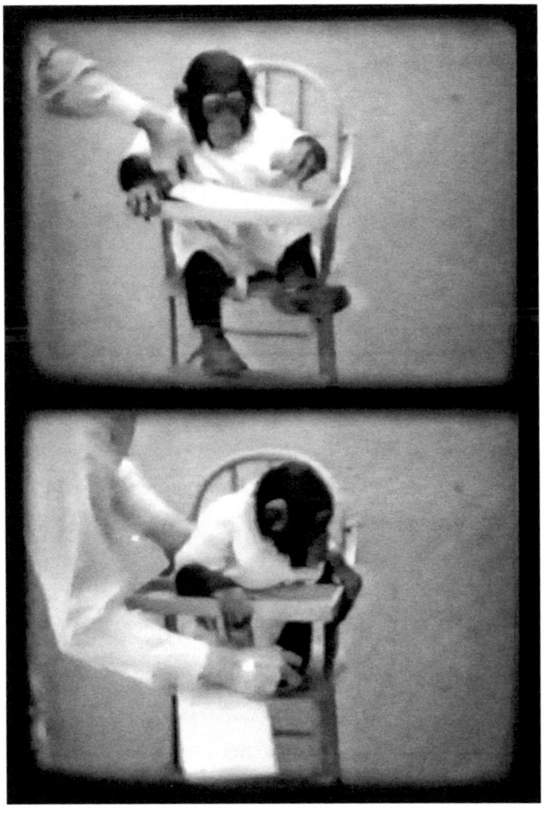

Tierfilme 78 – 90, 1990

dem Menschen vorbehaltenes evolutionäres Anpassungsmerkmal sieht, das keinerlei naturgeschichtliche Vorläufer habe. Und als sei der Name des Schimpansen tatsächlich ein Omen, schloss Terrace aus seinen Versuchen mit Nim Chimpsky, dass Affen aus visuellen Symbolen zwar Vokabulare lernen könnten, aber eben keine Sprache. „Es gibt keinen Beweis dafür, dass Menschenaffen diese Symbole kombinieren können, um neue Bedeutungen hervorzubringen", fasste Terrace seine vierjährigen Experimente zusammen. Zu den von den Affen eingesetzten Zeichen meinte er nur: „Die Affen fuchteln mit den Armen herum, bis sie kriegen, was sie wollen." Terrace beließ es aber nicht bei seinen Erkenntnissen, er setzte sie auch durch. Der an der Columbia-Universität in New York lehrende Psychologe gehört zu jenem selbst- und machtbewussten Typus von Wissenschaftler, der es versteht, mit seinen Ergebnissen eine Schule und eine Schulmeinung zu etablieren. Seine Kritik an den Sprachversuchen wirkt bis heute nach und hat ihm den Ruf von besonderer Genauigkeit eingebracht. Terrace gilt als ein Forscher, der sich der voreiligen Interpretation enthält und nur den harten Daten vertraut, die ihm seine Videoaufzeichnungen von den Lernsitzungen mit Nim lieferten. Daran ist natürlich erst einmal nichts schlecht. Genauso wie es auch nicht schlecht ist, dass die Sprachversuche mit Menschenaffen weitgehend eingestellt wurden. Fast alle Menschenaffen aus den Sprachversuchen verschwanden nämlich nach ihrer sozusagen luxuriösen Phase in amerikanischen Forscherhaushalten in engen Gitterkäfigen in den Kellern in irgendwelchen Tierlaboratorien, wo sie mehr oder weniger furchtbar vor sich hinvegetierten. Der Grund dafür lag in der Biologie der Tiere. Vor allem Schimpansen werden mit der sich ausbildenden Geschlechtsreife um das neunte Lebensjahr zeitweilig unberechenbar aggressiv und lassen sich nicht mehr im Haushalt oder Labor „normal" halten. Die für die Wissenschaft unbrauchbar gewordenen, in gewisser Hinsicht überindividualisierten Tiere wurden dann meist in die Obhut von Tierpflegern übergeben, die sich wenig für sie interessierten. Die in der Regel in Texten gut protokollierten und damit öffentlich zugänglichen Versuche liefern aber gerade heute Erkenntnisse, die weit über Terrace' Schlussfolgerungen hinausgehen. Man kann an ihnen nämlich einen Bruch ablesen, der mehr zeigt, als zumindest Terrace lieb ist. Nim Chimpsky wurde nämlich exemplarisch gegen die Biologie der Schimpansen als eine Art Lernmaschine behandelt. Schimpansen gehören zu den bindungskonservativsten Affenarten überhaupt. Die Jungen verbringen die Jahre ihres Heranwachsens fast ausschließlich im engen Kontakt mit der Mutter. Andere Tiere als die Mutter beteiligen sich im Unterschied zu den meisten anderen Affenarten kaum an der Aufzucht. Für die Versuchsaffen wäre es also eine unabdingbare Voraussetzung, dass sie in der Obhut einer Ersatzmutter aufwachsen, die ihre zentrale Bezugsperson ist. Die amerikanischen Verhaltensforscher und Psychologen Beatrix und Allen Gardner nahmen im Jahr 1966 die damals einjährige, wild geborene Schimpansin Washoe auf, um ihr als erste Forscher Ameslan beizubringen und erzogen sie deshalb wie ein Menschenkind. Washoe hatte fast immer menschliche Gesellschaft, lebte mit den Gardners, schlief in einem Bett, putzte sich die Zähne und hatte Spielzeug, Bilderbücher und sah Fernsehen. Sie führte ein Leben, wie man es aktuell im Film *Planet der Affen:* Prevolution sehen kann.

Ganz anders erging es allerdings Nim. Nim wurde, nachdem er in Terrace' Labor aufgenommen wurde, einem Lehrplan unterworfen, den Terrace selbst als „zermürbend" bezeichnete. Fünf Tage in der Woche musste Nim sechs Stunden in einem kahlen, fensterlosen kleinen, knapp sechs Quadratmeter umfassenden Laborraum lernen und das Gelernte versuchen anzuwenden. Hinzu kam, dass er in den vier Jahren sechzig verschiedene Lehrer hatte, die zum Teil selbst nur rudimentäre Ameslan-Kenntnisse hatten. Unter den Lehrern waren oft auch Studenten, die bereits nach einem Tag genug von dem kleinen, nervösen und häufig aggressiven Nim hatten und ihren Job wieder quittierten. Die geringe Lernleistung Nims unter diesen Bedingungen ist also weder ein Wunder noch ein Argument gegen seine Fähigkeiten, sondern eine direkte Folge der schlechten Lehre. Dass Lernleistungen ganz allgemein in der Regel in einem Zusammenhang mit dem Lernangebot stehen, wusste man zwar schon zu Terrace' Zeiten, dieses Wissen musste aber im Fall Nim hinter den Ehrgeiz des Forschers zurücktreten, der auch zeigen wollte, dass man in kurzer Zeit zu schnellen Ergebnissen kommen kann. Eine Maxime, die sich in der Folge auch in der Primatologie durchsetzte und heute den Geschwindigkeitsgang von Experimenten bestimmt. Interessant bleibt

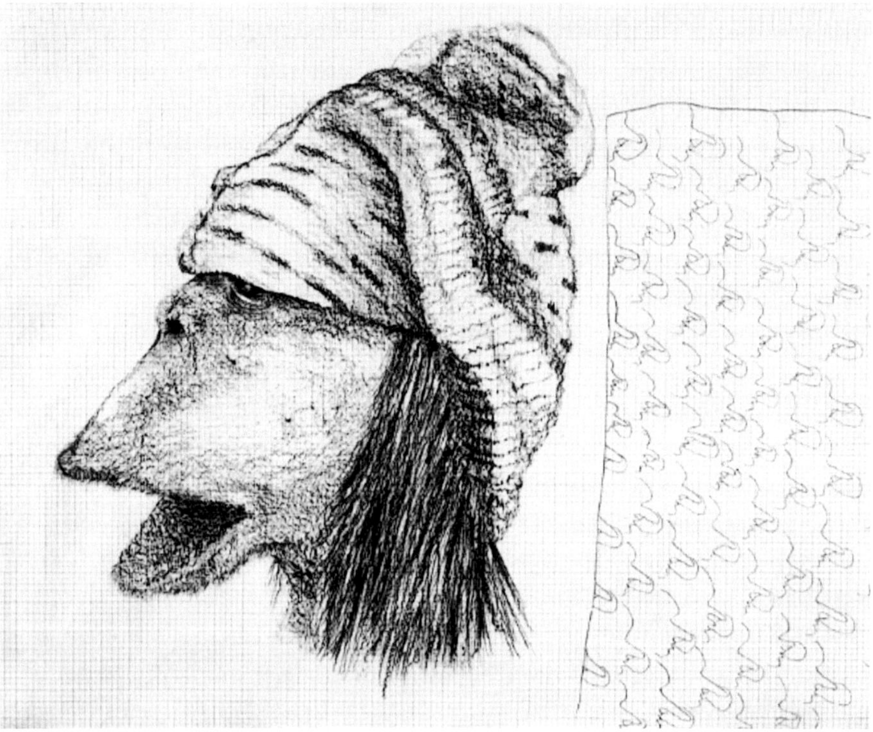

Ohne Titel, 1987

Nim auch in diesem Zusammenhang. Nachdem Terrace ihn nach vier Jahren in New York enttäuscht entlassen hatte, kam er in ein Primatenlabor nach Oklahoma. Dort zeigten sich dann entscheidende Veränderungen gegenüber seinem New Yorker Verhalten. Weitgehend in Ruhe gelassen und nur mit wenigen Menschen in dauerhaftem Kontakt sprach er doppelt so viel wie bei Terrace und seine Äußerungen enthielten wesentlich weniger direkte Imitationen. Überhaupt äußerte er sich erstmals spontan, ohne dazu aufgefordert worden zu sein, und seine Sätze waren weniger von Wiederholungen geprägt. Das alles zusammen hätte zu einer nicht nur methodischen Revision von Terrace' Ergebnissen beitragen können, wenn man daran noch interessiert gewesen wäre, was nicht der Fall war. Und so ließ auch in Oklahoma irgendwann das Interesse an Nim nach und er wurde in ein pharmazeutisches Tiertestlabor überstellt. Außerhalb der akademischen

Öffentlichkeit hatte sich unter anderem durch das Engagement der Schimpansenforscherin Jane Goodall allerdings eine Diskussion entfaltet, die die Kritik an Terrace' Forschungspraktiken in einen allgemeineren Zusammenhang sah. Nim wurde dadurch zum ersten Sprachversuchsaffen, der in den Blick von Tierschützern geriet.

Den Tierschützern war es dabei ziemlich gleichgültig, ob Nim nun Sätze im Sinne Chomskys formen konnte oder nicht, sie fanden es schlicht unmöglich, einen Schimpansen in engen Käfigen zu halten und mit Medikamenten oder sonstigen Substanzen vollzupumpen. Und so gelang es schließlich der Organisation *Fund for Animals* Chimpsky freizukaufen und auf der Black Beauty Ranch in Texas, einer Art Altersheim für Tiere, einen geruhsamen Lebensabend verbringen zu lassen. Dort starb Nim im Alter von 26 Jahren an einem Herzinfarkt. Sein Leben und die aus seinem Leben herausgeholten wissenschaft-lichen Arbeiten bleiben über seinen Tod hinaus interessant. Interessant auch deshalb, weil man aus ihnen, ohne dass man sie wiederholen muss oder sollte, sehr viel über die Lernpsychologie von Menschen in den entwickelten Ländern lernen kann. In diesem Sinn spricht Nim heute deutlicher zu uns.

Lappenente oder Musk Duck – Groß, dunkel und schwer liegen Lappenenten mit kurzem Nacken und genauso kurzem Schnabel tief im Wasser. Das tun sie fast immer, weil ihre kurzen Beine mit allerdings riesigen Füßen die Körper der großen Enten kaum tragen können, was den Landgang schwierig werden lässt. Dafür können sie aber hervorragend tauchen. Auffällig ist ein runder, ledriger Lappen, der den größeren der großen Enten schlaff unter dem Schnabel hängt. Die Erpel der Lappenenten können bis zu dreimal größer sein als die Weibchen.

Mit den Lappen kommt etwas ins Spiel, das die frühe Verhaltensbiologie um Konrad Lorenz, Katharina Heinroth und Niko Tinbergen immer wieder in den Bann gezogen hat, nämlich die teils grotesk bizarren Balzbewegungen von Wasservögeln, Tauben und Möven. In ihren Werbezeremonien können die Erpel ihre Lappen so prall anschwellen lassen, dass man sich schon fragen kann, wie da noch Futter in den Schnabel gelangen soll, der dem prallen Ledersack bloß noch aufgequetscht zu sein scheint. Ein Eindruck, der sich aber schnell verflüchtigt, wenn die Enten dann in ihren Tanz einsteigen.

Mit scheinbar choreographisch dirigierten, verzerrten Körperbewegungen neigen die Erpel den Kopf nach hinten und stellen den prallen Lappen zur Schau. Dabei heben und senken sie, nicht mehr ganz so choreographisch exakt, ihren großen steifen Schwanz und treten mit den Füßen so aufs Wasser, dass es mal mehr, mal weniger weit spritzt. In drei sich stetig steigernden Intensitätsstufen durchlaufen die Erpel ihr Ritual mit individuellen Akzentuierungen. Im ersten und zweiten Akt, dem „Paddle-Kick" und „Plonk-Kick", des Rituals bleiben die Erpel stimmlich noch stumm, schlagen aber mit den Füßen geräuschvoll aufs Wasser. Im dritten Akt aber, dem „Whistle-Kick", der zu Anfang noch ohne Töne auskommt, auch wenn er ein paar Spritzkomponenten enthält, kommt es zu einer Art gesanglicher Explosion. Eingeleitet durch einen weichen, perkussionsartigen, niederfrequenten Ton, folgt darauf ein viel lauteres Decrescendo-Konkav-Pfeifen, das mit allen Wassern der Tonkunst gewaschen zu sein scheint.

Wenn man das einmal gesehen hat, wundert man sich, dass Lappenenten bis heute auf zwei Regionen in West- und Südostaustralien beschränkt geblieben sind. Den vogelbegeisterten britischen Kolonialherren wird so eine Balz doch sofort als Schauspiel für ihre heimischen Parkanlagen gefallen haben. Lappenenten haben aber ein paar Eigenschaften, die sie bis heute davor geschützt haben, in europäischen Park- wie Zooanlagen bestaunt und beleidigt, wie auch davor in Gefangenschaft zahlreich gezüchtet zu werden. Die Erpel sind gerade während der Paarungszeit so aggressiv, dass sie auch für alle anderen Vögel zur Gefahr werden. Darüber hinaus verbergen im Gegensatz zu anderen Wasservögeln die Weibchen ihre flaumigen Jungen, bis sie gut ausgewachsen sind und füttern sie auch.

Worüber man sich nach der Whistle-Kick-Show aber nicht mehr wundert, ist, dass Lappenenten seit September 2021 zu den sprachimitierenden und damit vokallernenden Tieren zu zählen sind. Damals veröffentlichten der niederländische Verhaltensbiologe Carel ten Cate und sein australischer Kollege Peter J. Fullagar die genaue Analyse einer 30 Jahre alten Tonaufnahme eines Lappenentenerpels, die das

Spektrum der sprachlernenden Tiere entscheidend erweitert. Ist das Sprach- oder Vokallernen unter Singvögeln, Kolibris und Papageien gängig und bei Walen, Delphinen, Seehunden, Fledermäusen und Elefanten zumindest in Einzelfällen gut dokumentiert, so ist der Entenfall entwicklungsgeschichtlich bisher einmalig. Enten stehen mit Gänsen und anderen Wasservögeln am Anfang der Evolution der Vögel, d. h. so „alt“ war noch kein sprechender Vogel. Ripper, so hieß der Entenerpel, war von einer Ammenhenne ausgebrütet und dann von einem Menschen mit der Hand aufgezogen worden, und das muss unter zugigen Bedingungen zufallender Türen geschehen sein. Denn Ripper begann im Alter von vier Jahren nicht nur akzentgesättigt „you bloody fool“ in seinen Whistle-Kick einzubauen. Er konnte auch perfekt eine zuschlagende Tür stimmlich imitieren.

Elsa, 2022

Song Sparrow oder Singammer — *Melospezia melodia* ist nicht nur ein schöner Name, er hält auch, was er verspricht. Song Sparrows oder Singammern haben von Henry David Thoreau über Emily Dickinson bis zu Dolly Parton amerikanische Denker und Sängerinnen erstaunt und inspiriert. Die kleinen, von rostigbraun bis dunkelbraun changierenden Vögel, deren Gefieder äußerst variabel von hellen Punkten und schwarzen Schlieren durchzogen ist, bevölkern die gesamten Vereinigten Staaten. Sie kommen dort in allen verschiedenen Zugvogelvarianten vor, die es gibt. In manchen Gegenden sind sie das ganze Jahr über Standvögel, in anderen Teilzieher und in den im Winter sehr kalten Regionen Nordamerikas Zugvögel.

Singammern gehören, weil sie die Siedler an die Spatzen Europas erinnerten, zu den New World Sparrows – Neuweltspatzen –, die mit den hiesigen Spatzen aber nicht näher verwandt sind. Das eher unscheinbare, schlichte Äußere war es aber nie, was die sensibleren Neusiedler so empfänglich für die Vögel machte. Song Sparrows haben einen äußerst variantenreichen, schön melodisch und klar in Strophen strukturierten Gesang, der bei aller auch geographischen Verschiedenheit trotzdem unverkennbar ist.

Die zwei bis vier lauten, klaren Pfiffe auf gleicher Tonhöhe und den darauffolgenden, oft lebhaften Triller, mit denen sie ihre Lieder einleiten, teilen sie alle, und das macht sie leicht identifizierbar. Dazu kommt noch, dass sie das ganze Jahr über bei fast jedem Wetter singen. Man hörte Singammern schon in Schneewehen und das nicht weniger artikuliert als bei schönem Sonnenschein. Was aber nach der Einleitung folgt, die immer wieder eingestreuten, mal hohen und dann wieder tiefen „Chee Chees" z. B. variieren von Gegend zu Gegend wie von Individuum zu Individuum auf eine Weise, die bisher die Feststellung jeder tieferliegenden Struktur unmöglich gemacht hat.

Dabei wird bis heute wirklich alles versucht den letzten Geheimnissen des Vogelgesangs auf die Spur zu kommen und Singammern gehören bei diesem Geschäft zu den bestuntersuchten Vögeln überhaupt. Möglich wurde das einerseits durch eine technische Innovation aus dem Zweiten Weltkrieg, den Sound- oder Tonspektrographen, mit dem man Lautäußerungen in ihre kleinsten Komponenten zerlegen konnte. Zum anderen hatten sich besonders an amerikanischen Universitäten nicht nur Biologen, sondern auch Psychologen – vor allem Sprachentwicklungsforscher – mit dem Lernverhalten von Singvögeln beschäftigt. Die aus diesen Forschungen gewonnenen Einsichten in die Parallelisierbarkeit von individuellem, menschlichen Spracherwerb und den Mechanismen des Gesangslernens bei Vögeln ließ eine Forschungsindustrie entstehen, die den Vögeln mit Sicherheit oft nicht guttat. Und Singammern eignen sich besonders gut für Lernversuche aller Art, weil man sie allein in kleinen Käfigen in den ödesten Kellern halten kann, ohne dass sie sichtbare Schäden davontragen.

Aber auch wenn Singammern oft als Einzelgänger erscheinen, sind sie so allein wie in den Versuchskäfigen doch selten. Dafür spiegeln sie in ihren Liedern zu deutlich ihre soziale Umgebung. Die sesshaften Vögel etwa entwickeln Mikrodialekte, in dem sie in ihre Lieder jene Elemente aufnehmen, die andere Sänger in ihrer Umgebung gemeinsam haben. Dadurch entstehen akustische Marker der Vögel z. B in Washington, die sich in Südkalifornien ganz anders anhören. Solche Dialekte fand man bei ziehenden Singammern nicht. Wie überhaupt deren Repertoire deutlich variantenreicher war als das der Standvögel: Migration macht „wortreicher".

Um die wortreiche Virtuosität der Sänger dreht sich auch ein schönes Ergebnis der Forschung. Die Weibchen bevorzugen die variantenreichen Sänger und man hatte das bisher mit allen möglichen Eigenschaften wie guten Genen, reiches Revier und Intelligenz korreliert. Wie sich aber zeigte, war das alles falsch. Ein guter Sänger ist einfach nur ein guter Sänger und weder intelligenter als andere noch konstant ein guter Sänger. Wer in einem Jahr super singt, kann im anderen schlecht singen und wird dann auch nur im guten Jahr von den Weibchen gewählt.

Haalo, 2022

Bird Poo, 2022

Red winked Blackbird oder Rotflügelstärling – Zu übersehen waren die Vögel in den Marschen in Südtexas an der gesamten Golfküste von der Grenze zu Mexiko bis Corpus Christi nie. Immer etwas herausgehoben, an exponierten Stellen auf einem Schilfhalm oder ganz oben auf einem buschähnlichen Strauchgewirr saßen sie und sangen. Ein hohes, zweisilbiges Pfeifen, manchmal nur von einem kehligen „Tschek" durchdrungen, bildete dabei so etwas wie den Marschensound der Golfküste. Dass es die Männchen der Red winked Blackbirds waren, deren deutschen Namen „Rotflügelstärling" niemand benutzt, erkannte man am schwarzen Gefieder mit dem namengebenden roten Fleck an den Schultern der Flügel. Und dass es sich um den Reviergesang handelte, daran, dass die Sänger ihren hell-windverwaschenen Pfeifgesang mit abgespreizten Flügelschlägen begleiteten, die immer ihren roten Fleck mit dem gelben oder weißen Rand schön ausstellten.

Der rote Fleck am Flügel ist so etwas wie ein Dominanzmerkmal und war um diese Zeit, es war Ende Juni/Anfang Juli, schon mehr an die benachbarten Männchen gerichtet als an die Weibchen. Die Männchen waren auf ihren Posten nicht allein und zwischen ihren Gesang mischten sich unregelmäßig leisere „Chit Cheer" - Chatter, die sich tatsächlich wie Schimpfen anhörten und von den Weibchen kamen. Unwillkürlich musste man lachen, weil das dann doch ein bisschen zu sehr Klischee war.

Red winked Blackbirds leben während der Brut- und Aufzuchtszeit in Harems. Drei bis zu zehn Weibchen versammelt ein Männchen um sich. Und während die Männchen oben repräsentieren, den „Chef geben", wird unten gearbeitet. Die Weibchen bauen nach der Paarung in drei, vier Tagen aus Grashalmen, Moos und Matsch das Nest, bebrüten die Eier und füttern die Jungen, bis sie flügge sind, wesentlich allein. Was so übersichtlich ausschaut – ein Mann kontrolliert mehrere Weibchen durch bloße Dominanz –, entpuppte sich aber als ein äußerst tückisches System. Tückisch natürlich nur für die Menschen, die die Vögel bekämpfen wollen, die ihren Namen von europäischen Siedlern haben. Diese Blackbirds haben mit unseren Amseln außer der schwarzen Farbe wenig gemein. Sie gehören zu einer eigenen Familie, den *Icteridae* oder New World Blackbirds, deren 111 Arten nur in

Nord- und Südamerika vorkommen. Zum Pech der Red winked Blackbirds wurde es, dass sie wahrscheinlich zur Zeit der häufigste Vogel Amerikas sind. Ihre Zahl wird auf 200 Millionen geschätzt und wenn sie nicht gerade ihre Jungen mit Insekten füttern, was alle Singvögel müssen, lieben sie Körner und Saatgut aller Art. Dabei brüten sie nicht nur in losen Kolonien, sie bilden nach der Aufzucht riesige Schwärme. 50 Millionen Blackbirds wollen Beobachter in einem solchen Schwarm gezählt haben. Ornithologen gehen aber davon aus, dass auch 10 bis 20 Millionen Vögel schon genug Schaden anrichten können, wenn sie in die horizontweit angebauten Mais- oder Sonnenblumenfelder einbrechen, die sie besonders schätzen. Die aus Europa eingewanderten Amerikaner werden in solchen Fällen immer extrem sauer, erklären solche Tiere zur Pest und beginnen ihre chemischen Kriege mit vergifteten Reiskörnern und anderem Zeug.

Der Effekt der Giftattacken war nur leider, dass die Black Wings immer mehr wurden, während seltenere Vögel, die auch Reiskörner mögen, an den Rand des Aussterbens gedrängt wurden. Was im weiteren Verlauf dazu führte, eine direkte Populationskontrolle den unspezifischen chemischen Keulen vorzuziehen. Und was lag da näher, als sich an diese gut sichtbaren Haremsmeister zu halten, sie einzufangen und zu sterilisieren? Erstmal nichts und so tat man das auch, mit dem allerdings – wie der Autor hier findet – schönen Ergebnis, dass sich nichts änderte. Die Haremsmeister waren zwar sterilisiert, aber die Weibchen zogen nach wie vor ihre Jungen in fast unveränderter Zahl groß. Erst danach angestellte umfassende Verhaltens- und Genanalysen brachten dann die wirklichen Verhältnisse ans Licht. Die Weibchen verpaaren sich andauernd mit anderen Männchen und das am Ende unabhängig von der schönen, dominanten Ausformung des roten Flecks und dem tatsächlichen Dominanzstatus der Männchen. Man fand kaum ein Nest, in dem die Jungen nicht von mehreren Vätern stammten und darunter waren auch solche Männchen, die weder einen Harem noch auch nur den Ansatz eines Reviers hatten. Den „Chef geben“ scheint bei den Red winked Blackbirds tatsächlich wesentlich eine Rolle ohne besondere reproduktive Wirkung zu sein.

Phobia, 2019

Tanzfliegen – Dem ersten Beobachter, der Tanzfliegen der systematischen Betrachtung für Wert befand, dem russischen Baron Carl Robert Osten-Sacken, blieb besonders ein Aspekt der Fliegen ein Rätsel. Dem Baron war im Sommer 1877 in den Schweizer Alpen aufgefallen, dass es in den Schwärmen der winzigen Fliegen zu einer „ungewöhnlich grellweißen oder silbrigen Reflexion" kam, wenn sie den Sonnenstrahl querten. Erstaunt musste der Baron dann feststellen, dass die kleinen Fliegen, die er mit dem Kescher gefangen hatte, mattgrau waren, nichts Silbriges an sich hatten und überhaupt nicht bemerkenswert waren.

Was der Baron aber noch in seinem Kescher gefunden hatte, waren winzig kleine, federleichte, weiß-seidig silbrige Flöckchen. Plättchenförmige Flöckchen, die ausschließlich die Männchen „wie Flaggen hinter sich schwenkten" und die die Quelle des leuchtenden Widerscheins waren. Wozu die weißen Gewebsfetzen aber gut sein sollten, das blieb Osten-Sacken verborgen, der ein Jahr nach seinem Aufenthalt in den Alpen am Museum für vergleichende Zoologie der

Havard Universität zu einem der Meister der modernen Fliegensystematik werden sollte.

Für das Rätsel, vor dem der Baron stand, hat der Anthropologe Hugh Raffles in seiner *Insektopädie,* dem bis heute besten Buch über das Verhältnis vom Insektenleben zur Sprache der Insekten, einen schönen Vergleich gefunden. „Es war, als wären diese Gentlemen-Entomologen, die nur europäische Gemälde des späten 19. Jahrhunderts kannten, in einem Kunstmuseum herumgeschlendert und hätten an einer Wand lauter Gemälde von Mark Rothko entdeckt", schreibt Raffles. „Sie waren auf eine Abstraktion gestoßen, einen unergründlichen Gegenstand, der keine Spur vom Original verriet, aus dem er abgezogen worden war", fügte Raffles noch hinzu. Wobei das Original, von dem das seidige Plättchen keine Spur mehr enthält, bei manchen Tanzfliegenarten ein totes Insekt ist, das auch schon mal größer sein kann als das Tanzfliegenmännchen selbst, das es mit sich trägt.

Tanzfliegen bilden, wie andere Fliegen auch, dichte, schwirrendtanzende Schwärme, um das andere Geschlecht anzulocken. Unter den um die 2500 Tanzfliegenarten kommen alle möglichen Schwarmvarianten vor. So sind es bei vielen Arten die Männchen, die in den Schwärmen tanzen, bei einigen Arten aber die Weibchen. In solche von weiblichen Tieren betanzten Schwärme fliegen die Männchen einzeln hinein und versuchen ein Weibchen zu ergreifen. Ein Prozess, der bei einigen Tanzfliegenarten allerdings über den bloßen Tanz hinausgehender Reize bedarf.

Im Moment lässt sich bei der Tanzfliege *Empis opaca* eine der Varianten des „Braut- oder Hochzeitgeschenks", wie die Gaben der Männchen in der Literatur immer noch heißen, besonders gut an den Rändern und auf Lichtungen feuchter Laubwälder beobachten. Den ganzen Mai über schwärmen diese Fliegen ausdauernd und in erstaunlichen Massen. Auffällig sind die Männchen dadurch, das sie einfach eine tote Fliege zwischen den Beinen tragen, mit der sie durch die Luft schweben. Unterbrochen wird dieser Schwebflug durch ein Weibchen, das das Männchen geradezu im Flug rammt, wodurch die beiden zu Boden fallen. Am Boden beginnt das Weibchen sofort mit dem Verzehr der Fliege, während das Männchen kopuliert. Wenn etwas mit den Körperlagen nicht zu stimmen scheint, fliegen die

Partner auch kurz mal zusammenhängend auf und landen an anderer Stelle wieder.

Während aber hier der Zusammenhang von Futter anbieten und Sex bekommen eindeutig ist, bleibt er bei anderen undeutlicher. Die Männchen einiger Arten verpacken die getöteten Fliegen mit seidigen Fäden, andere saugen die Beute aus und verspinnen nur noch die gehaltlose Hülle. Und wieder andere fertigen, wie oben beschrieben, nur noch die seidige Hülle ohne essbaren Inhalt. Als Edward Kessel 1955 in einem immer noch grundlegenden Text versuchte, diese Verhaltensformen in eine evolutive Ordnung zu bringen, beschrieb er sie nicht nur in Verhältnissen von Sex für Nahrung, sondern auch in solchen von Sex und Lüge. Die Männchen waren darin immer die Agenten des Geschehens. Mal waren sie ehrlich, brachten eine Fliege, mal die blanken Zyniker, die nur noch eine Hülle verkauften, um an Sex zu kommen. Die Weibchen waren in diesem Spiel immer etwas hinterher, leicht zu blenden und auch leicht abzulenken. Was Kessel aber nicht beschrieben hat, ist wie die Weibchen von *Hilara sator*, die Osten-Sacken einst beobachtete, die vermeintlich inhaltsleeren Seidenplättchen betasten und zwischen den Beinen spielerisch bewegen, ohne auch nur den geringsten Versuch zu machen, das Flöckchen zu öffnen.

Studio Visit, 2022

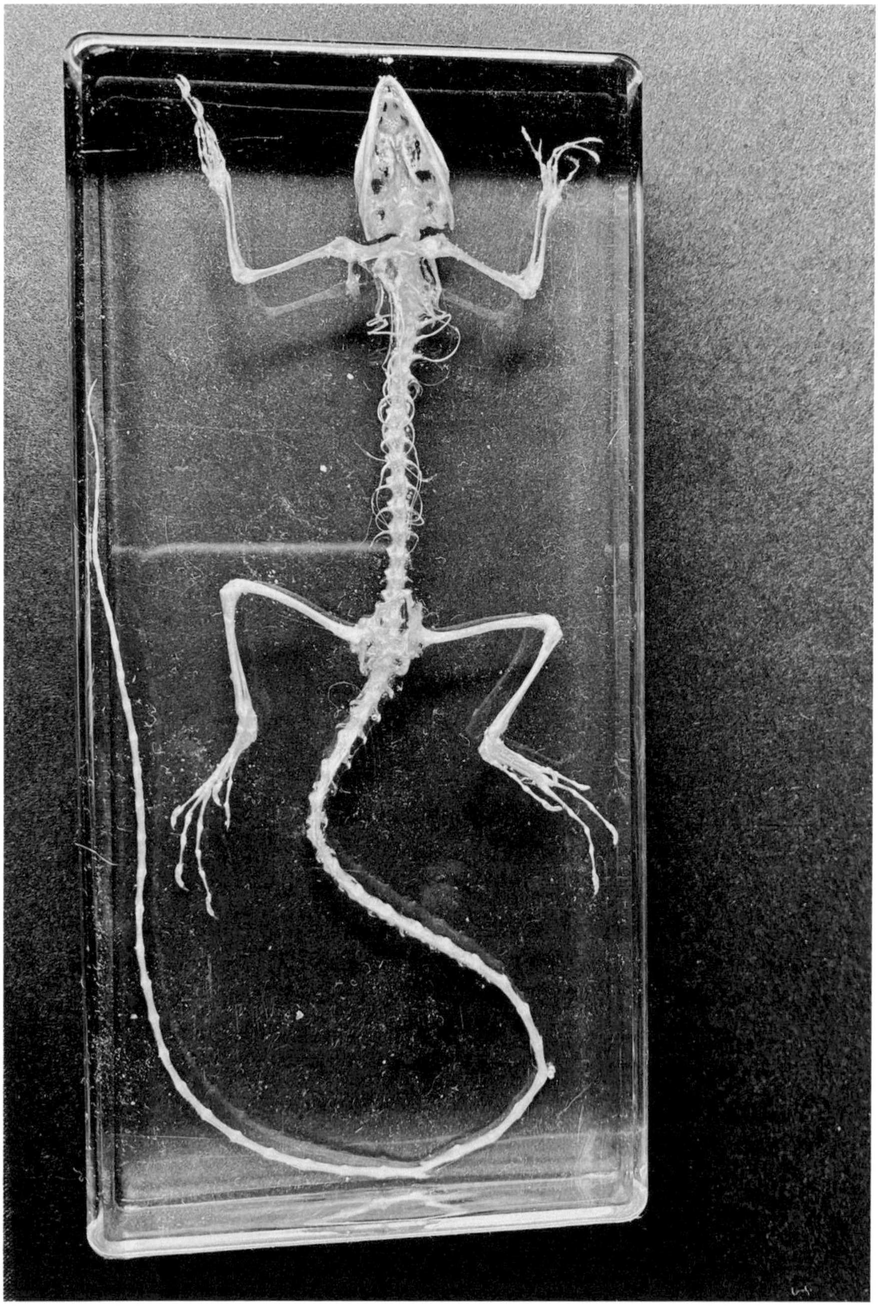

iPhone, 2022

Peitschenschwanzeidechsen — Eidechsen sind entwicklungsgeschichtlich sehr alt. Zusammen mit den Schlangen werden ihre aktuellen Formen in der Systematik der Reptilien als Schuppensaurier (Lepidosauria) zusammengefasst. Die Lepidosaurier bilden eine Schwestergruppe der Archosaurier, die in Gestalt der einst erfolgreichen Dinosaurier ihre hohe Zeit in der Evolution schon lange hinter sich haben. Moderne Reptilien verdanken, nachdem sie die Archosaurier fast vollständig ersetzt haben, ihre breite Entfaltung auf der Erde Schlangen und Eidechsen.

Und weil Eidechsen von ihren menschlichen Mitbewohnern auch nie übersehen worden sind, ist es umso so erstaunlicher, dass eine ganze Gruppe unter ihnen bis 1958 unentdeckt geblieben ist. Dabei waren die Vertreter dieser Gruppe bestimmt nicht unauffällig. Von Colorado über New Mexiko, Arizona und Texas bis nach Mexiko leben sie in spärlich bewachsenen Canyons, Schluchten und Klippen, aber auch im grasigen oder versteppten Flachland. Tagaktiv und manchmal ziemlich schnell jagen sie zwischen den Gräsern und Felsen in den Morgenstunden und nachmittags nach Insekten. Zumindest zwei Arten von ihnen, die Common Checkered Whiptail *(Aspidoscelis tesselata)* und die Desert Grassland Whiptail Lizard *(Aspidoscelis uniparens)*, waren und sind teilweise häufig und gelten als ungefährdet. Was auch damit zusammenhängt, dass sie von der Versteppung landwirtschaftlich übernutzter Flächen profitieren, was wenigstens in Arizona und Texas ihre Lebensräume auch in Zukunft sichern wird. Warum also blieben sie unentdeckt?

Die amerikanische Dichterin Alice Fulton sagt es so: „Weil Wahrheiten, die wir nicht vermuten, es schwer haben, / sich bemerkbar zu machen, wie wenn dreizehn Spezies / von Peitschenschwanzeidechsen, die komplett aus Weibchen / bestehen, unentdeckt bleiben – wegen Voreingenommenheit / gegenüber der Existenz solcher Dinge – / müssen wir dem Universum auf halbem Weg begegnen." Das ist höflich formuliert, mit einem abgewandelten Philosophenzitat kann man auch unfreundlicher sagen: Wer davon ausgeht, dass Arten aus Männchen und Weibchen bestehen müssen, vernichtet Wirklichkeit durch Übersehen.

Absurd bleibt der Fall aber auch, weil schon lange vor der Entdeckung der nur aus Weibchen bestehenden Peitschenschwanzeidechsenarten bekannt war, dass viele Reptilien sich durch eine sogenannte Jungfernzeugung (Parthenogenese) fortpflanzen können, was allerdings nie die Regel ist. Und so ganz haben es die Wissenschaften immer noch nicht verkraftet, dass man ohne Männchen offensichtlich gut und lange leben kann. So fehlt in Beschreibungen selten der Hinweis, dass diese Eidechsen nur „limitierte" soziale Stimuli haben, weil sie sich nur um zwei basale Bedürfnisse kümmern müssen: Futter suchen und Feindbegegnungen vermeiden. Dass es eventuell auch ganz angenehm sein kann, auf das immer mit widerstreitenden Kräften wie Aggression und Abstoßung sowie Anziehung und Annäherung bis zum körperlichen Kontakt verbundene Balz- und Paarungstheater verzichten zu können, gerät erst langsam in den Blick. Zumal sich bei ihnen sonst dem zweigeschlechtlichen Sexualverhalten zugeordnete Verhaltensweisen wie das Aufreiten eines Tieres auf einem anderen auch beobachten lassen. Mit dem einen Unterschied, dass bei den Weibchen die Bisswunden im Nacken fehlen, die männliche Eidechsen oft nach der Paarung bei den Weibchen hinterlassen.

Von wissenschaftlichem Interesse sind die Peitschenschwanzeidechsen aber auch, weil sie es auch ohne Sex schaffen, genetisch einmalige, d. h. ebenso variable Nachkommen in die Welt zu setzen, wie man es sonst nur der sexuellen Fortpflanzung zuschreibt. Das gelingt ihnen, weil sie ihre Entwicklung mit einem doppelten Chromosomensatz starten, in dem immer wieder einzelne Teile ausgeschnitten und neu kombiniert werden. Wie die Eidechsen überhaupt physiologisch von erstaunlicher Wandelbarkeit sind. Während bei den meisten sexuellen Arten die Dispositionen für männliches und weibliches Sexualverhalten früh in der embryonalen Entwicklung des Gehirns organisiert werden und später im Leben nicht durch adulte Hormone umgeschaltet werden können, können die Gehirne von Peitschenschwanzeidechsen in ihrem Leben von eher weiblichen Dispositionen, die den Eisprung forcieren, und männlichen Zuständen, die sie dazu bringen, wie ein Männchen einer anderen aufzureiten, hormonell changieren. Wie sie das ohne Testosteron, den Männchenbildner im Tierreich überhaupt, schaffen, ist noch ein Rätsel.

Exercise, 2022

Mississippi-Alligator — Der Stoffwechsel des Menschen mit der Natur, von dem Karl Marx schrieb, hat einige Aktualisierungen erfahren. CNN meldete vor ein paar Jahren, dass eine Polizeistation in Tennessee über Facebook dringend davor gewarnt habe, illegale Drogen und verschreibungspflichtige Medikamente über die Toilette zu entsorgen. Denn auch wenn das Wasser in Tennessee mittlerweile das sauberste Wasser aller Zeiten sei, könne man es nie so klären, dass alle Drogenrückstände beseitigt werden und das könne

„meth gators“, also Alligatoren auf Speed hervorbringen. Von Enten, Gänsen und anderen Wasservögeln wussten die Polizisten offensichtlich schon, dass sie über Drogen im Wasser hyperaktiv und merkwürdig werden können. Das war aber nicht die erste Meldung dieser Art in den letzten Jahren.

Im Mai 2019 hatten Forscher der Universität von Suffolk mitgeteilt, dass sie in allen Garnelen in ländlichen Gegenden in Suffolk Kokain gefunden hatten. Was die Wissenschaftler, die nach Mikrorückständen von Umweltgiften wie Pestiziden in den Tieren suchten, überraschte, war die flächendeckende Anwesenheit von Kokain auf dem verlassenen Land. Was sie in London erwartet hätten, fanden sie jetzt im scheinbar verschlafensten Suffolk. Über die Auswirkungen der Droge auf die Tiere konnten sie aber keine Angaben machen. Die können logischerweise nur über längere Zeiträume ermittelt werden, aber dass die Drogen im Körper der Tiere folgenlos bleiben würden, vermuteten sie nicht.

Physiologisch beziehungsweise toxikologisch hat die Vergleichbarkeit der Reaktionen von Tierkörpern mit denen von Menschen aber immer ihre Grenzen. Drastisch kann man es an Mississippi-Alligatoren zeigen. Die Alligatoren ernähren sich auch von Klapperschlangen und es gibt einen gut dokumentierten Fall, in dem eine Diamantklapperschlange einem sie jagenden Alligator direkt in die Zunge gebissen hat, ohne dass es die geringste Wirkung beim Jäger gezeitigt hätte, noch ihn daran hindern konnte, die Schlange zu verzehren. Kein Mensch hätte einen solchen Biss so weggesteckt.

Es gibt aber eine Vergleichsebene innerhalb des Tierreichs, die systematisch näher liegt als die zwischen Alligatoren und Menschen. Krokodile oder Panzerechsen, zu denen Alligatoren gehören, sind nur sehr entfernt mit Eidechsen, denen sie in ihrer Gestalt ähneln können, verwandt. Viel näher stehen Krokodile den Vögeln und bei Mississippi-Alligatoren ist das vor allem hörbar. Sie sind nicht nur die lautesten unter den Reptilien, sie haben auch das variationsreichste Vokabular. Und deren Einsatz erproben sie schon sehr früh.

Alle 23 Krokodilarten legen Eier. Während aber z. B. Nilkrokodile ihre Eier in selbst ausgehobenen Erdgruben ablegen, bauen Mississippi-Alligatoren aus zusammengescharrtem und abgerissenem Pflanzenmaterial oberirdische Nester.

Die Weibchen drücken dabei mit ihrem Körper die Pflanzenteile immer wieder so zusammen, dass sie einen dichten Haufen bilden, in den sie von oben eine Art Trichter setzen, der die Eier aufnehmen wird. Vorausgegangen ist dem Nestbau und der Eiablage aber die jährliche Werbezeremonie der Männchen. Im Frühjahr beginnen die männlichen Alligatoren weitreichend zu brüllen. Dafür stellen sich die im flachen Wasser liegenden Männchen mit Vorderkörper und den Vorderbeinen auf, heben den langen kräftigen Schwanz an und brüllen los. Das manche Beobachter dieses Brüllen mit den Geräuschen eines stotternden Traktors verglichen haben, mag dem Schrecken geschuldet sein, laut ist es jedenfalls. Und wenn man sich gerade daran gewöhnt hat, beginnen die Tiere sofort und regelmäßig mit angehobenem Schwanz und Kopf heftig und genauso laut auf die Wasseroberfläche zu schlagen. Dieses Ritual kann sich über Wochen jeden Tag wiederholen. Die Paarung selbst vollzieht sich dann eher still, indem das Männchen auf den Rücken des Weibchens kriecht und seine Schnauze gegen die Kehle des Weibchens reibt. Die Kopulation dauert zwei bis drei Minuten und die Männchen paaren sich in der Regel nur mit einem Weibchen.

Die Weibchen werden dann zu treuen Bewachern ihrer Nester und begießen sie immer wieder mit Eigenurin, um die Verwesung der Pflanzen des Nestes zu fördern oder auch nicht. Das Geschlecht der jungen Alligatoren hängt von der Bruttemperatur ab. Beträgt sie um die 34 Grad Celsius, schlüpfen aus den Eiern Männchen, bei 30 Grad Weibchen und bei den dazwischen liegenden Temperaturen entwickeln sich beide Geschlechter in einem wahrscheinlich zufälligen Verhältnis. Bis heute ist unklar, ob und wenn ja, wie die nestbauenden Krokodile die Bruttemperatur und damit das Geschlecht der Jungen beeinflussen können.

Klar ist hingegen, dass bei den Alligatoren die Jungen kurz vor dem Schlupf in den Eiern beginnen, quäkende Laute von sich zugeben. Dadurch synchronisieren sie ihren Schlupf und bringen gleichzeitig das Weibchen dazu, das Nest zu öffnen und den Jungen beim Schlüpfen zu helfen. Haben die die Eischale durchbrochen, werden sie von der Mutter im Maul zum Wasser getragen und dort fast ein Jahr lang betreut.

Tüpfelhyäne – Hyänen haben es zu allen Zeiten geschafft, die Horrorvorstellungen der Menschen zu beflügeln. Und heute wird ihre Erscheinung unerbittlich vor allem mit Mülleimern, Leichen, Kot, schlechten Gerüchen und abscheulichem Gegacker assoziiert. Dabei ist das „Lachen“, dass sie scheinbar aushusten, wenn sie einen Büffel, Gnu oder Zebra erlegt haben, tatsächlich leicht unheimlich. Denn wenn dieses Lachen, das dem menschlichen Lachen ähnelt, sich in tiefen wie hohen Tönen über die Gräser und Sträucher der Steppen der Serengeti ausbreitet und in den Ohren von Safaritouristen gelandet ist, haben in der Regel nicht nur Touristen den Sound der Hyänen vernommen.

Oft kann man dann Löwenrudel sehen, die sich mit der Gemächlichkeit der Gewissheit, dass sie sich gleich ohne Jagdanstrengungen den Bauch vollschlagen können, in Bewegung setzen, um die Hyänen von ihrer Beute weniger aktiv aggressiv zu vertreiben, als vielmehr einfach nur zum Platz machen zu bewegen. Die Bilder, die dann von diesem Spektakel um die Welt gehen, zeigen mehr oder weniger blutverschmiert, sich am Büffel oder Zebra satt essende Löwen und in gehörigem Abstand darum wartend, verteilte Tüpfelhyänen. Diese Bilder haben zum einen den Hyänen den Ruf eingebracht, feige zu sein.

Laughing Hyena (Mask from Guatemala), 2022

Zum anderen deuten sie aber auf etwas Allgemeineres: Nämlich die Tatsache, dass die unerschütterlichsten Vor- und Fehlurteile der Menschen aus dem Register des Imaginären stammen, aus dem bildhaften Zugriff auf die Welt und ihre Gegenstände und Tatsachen.

Um aber genau einen Aspekt der imaginären Fehldeutungen der Welt – die kursierenden Bilder vom Leben der Hyänen – zurechtzurücken, hat der niederländische Verhaltensbiologe Hans Kruuk vier Jahre, von 1964 bis 1968, mit und unter den Tüpfel- oder Fleckenhyänen, wie sie auch heißen, der Serengeti und des Ngorongoro-Kraters gelebt. Und dass seine zuerst 1972 erschienene Studie *The Spotted Hyena. A Study of Predation and Social Behavior* 2014 unverändert kommentarlos wieder aufgelegt worden ist, heißt nicht, dass sich seitdem in der Hyänen-Forschung nichts getan hätte. Es heißt nur, dass Kruuks Arbeit aufgrund ihrer methodischen Gründlichkeit bis heute Gültigkeit beanspruchen kann.

Und das führt mit dem Eingangsbild direkt in den spannendsten, weil bis heute letztlich offen ungeklärten Aspekt von Kruuks Forschungen.

Tüpfelhyänen sind demnach eher Alles- als Aasfresser. Neben Aas, Früchten wie Kürbissen und Melonen leben sie aber hauptsächlich von gemeinschaftlich gejagten Gnus, Zebras oder Büffeln. In der Serengeti sind sie die aktivsten Jäger größerer Säugetiere, und dass sie auch deshalb in großen Gruppen von 80 und manchmal auch 100 Individuen leben, ist einer der gesicherten funktionalen Aspekte der Gruppenbildung im Tierreich. Nur weil sie viele sind, sind sie überhaupt in der Lage, Zebras oder Gnus zu stellen und zu überwältigen. Doch erfordert die Jagd von Zebras, Büffeln oder Gnus nicht nur eine herausragende Koordination unter den Jägern, sie erfordert auch vollkommen unterschiedliche Strategien gegen so unterschiedliche Tiere wie Zebras und Büffel.

Tüpfelhyänen scheinen die Koordinations- und Strategieprobleme insofern zu minimieren, als sie sich offensichtlich auf eine bestimmte Beute an einem bestimmten Tag festlegen, von der sie dann nicht mehr abweichen, selbst wenn andere Arten zu der Zeit häufiger sind. Kruuk spricht von einer „Prey Predicision", einer Vorentscheidung mit weitreichenden Folgen. Wenn sich die Hyänen an so einem Tag auf Gnus oder Gazellen festgelegt haben, reagieren diese Tiere aufgeregt und panisch auf sich nähernde Hyänen. Während Zebras und Büffel entspannt und gelassen bleiben, bevor auch nur durch den ersten Jagdversuch klar sein konnte, auf wen es die Hyänen abgesehen hatten. Die Beutetiere müssen also irgendwie in der Lage sein, die Fresspräferenzen an geringfügigen Verhaltensdetails „abzulesen".

So unklar dieser Aspekt ist, so klar ist mittlerweile die Präferenz weiblicher Hyänen geworden. Weibliche Tüpfelhyänen bevorzugen generell freundliche Männchen. Aggressive Hyänenmännchen, die Weibchen zu mehreren bedrängten, sie bissen, ansprangen und gewaltsam zu begatten suchten, hatten keine Chance. Je freundlicher sich die Männchen verhielten, desto mehr Erfolg hatten sie bei den Weibchen. Dominate Männchen mögen sie einfach nicht.

Termiten — Als vor ein paar Jahren in der renommierten britischen Fachzeitschrift *Nature* ein Aufsatz über das Genom von Termiten erschien, erregten die Ergebnisse nicht nur Biologen. Könnte es sein, dass dieselben Fähigkeiten, die Termiten für mit Holz bauende Menschen zur großen Plage haben werden lassen, uns möglicherweise im Kampf gegen die Erderwärmung helfen können, fragte das amerikanische Journal *Atlantic Monthly*.

Der Hintergrund ist, dass Wissenschaftler im Darm der Termiten Bakterien entdeckten, die Holz binnen kurzer Zeit so effizient in Wasserstoff aufspalten können wie bisher kein Verfahren der Biospritererzeugung. Diese Bakterien waren bis dahin im Labor nicht untersucht worden. Man weiß also nichts über diese Produzenten von Biokraftstoffen. In den USA erfolgten die Untersuchungen im Rahmen einer staatlichen Initiative, der Gründung gleich dreier Bioenergy Research Center, die dort in ihrer Bedeutung mit dem Manhattan Project verglichen werden – dem staatlichen Forschungsförderprogramm, das zur Entwicklung der Atombombe führte.

Nach den Berechnungen der Wissenschaftler können die Bakterien im Darm der Termiten ein DIN A4-Blatt in zwei Liter Wasserstoff umwandeln. Mit dieser erstaunlichen Fähigkeit kommen sie als Produzenten von Biokraftstoffen infrage, die ganze Berge von Altpapier oder aussortiertem alten Bauholz verwerten könnten. Außerdem hoffen die Wissenschaftler um Falk Warnecke vom Joint Genome Institute im kalifornischen Walnut Creek, die den Fachbeitrag in *Nature* verfasst hatten, dass im so überaus produktiven Termitendarm noch andere, bisher nicht bekannte mikrobiologische Prozesse ablaufen, die sich als hilfreich bei der Suche nach neuen Energiequellen erweisen könnten.

So weit ist es aber noch nicht, Termiten sind wenig erprobte Labortiere und schwer zu halten. Auch Warnecke und seine Arbeitsgruppe hatten die Tiere, die sie für ihre Studie auswerteten, nicht aus dem Labor, sondern aus einem Baumnest in Costa Rica. Ein Blick auf die Biologie der Termiten kann helfen zu verstehen, warum sie bisher nicht in dem Maße erforscht wurden wie die anderen staatenbildenden Insekten. Anders als Bienen, Wespen und Ameisen sind Termiten keine Hautflügler, sondern „Social Cockroaches", soziale Schaben. Sie sind die ältesten und auf den ersten Blick auch die schwächsten der staatenbildenden Insekten. Sie haben weder einen Stachel wie Bienen oder Wespen noch einen Chitinpanzer wie Ameisen. Jedes Kind kann die milchigweißen Tiere zerdrücken, ohne Schaden zu nehmen. Wie konnten sie sich also in den tropischen Regionen der Erde behaupten, in denen etwa die chitinpanzerbewehrten Ameisen zu ihren erbittertsten Feinden zählen?

Der Nobelpreisträger für Literatur, Maurice Maeterlinck, hat das im Jahre 1911 in seiner Dankesrede mit dem Titel *Das Leben der Termiten und das Leben der Ameisen* auf die bis heute gültige Formel gebracht: durch Instinkt und Intelligenz. Für Maeterlinck sind Termiten „so schlecht wie nur wenige Wesen von der Natur für den Lebenskampf ausgerüstet worden". Es muss also zur natürlichen Ausstattung etwas hinzukommen, was es den Tieren ermöglicht, den „grausamen Widerspruch" ihrer Lebenssituation zu überstehen.

Und der Widerspruch ihrer Lebensweise ist offensichtlich: Termiten können nur in den Zonen um den Äquator leben, aber die weitaus größte Zahl von ihnen stirbt, sobald sie ans Sonnenlicht tritt, weil sie der Strahlung weder Panzer noch Pigmente entgegensetzen können. Dazu kommt, dass sie unbedingt Feuchtigkeit brauchen, aber gut nur in Ländern leben können, in denen über längere Zeit kein Tropfen Regen fällt. Doch trotz dieser Mangelsituation haben sie sich erstaunlich gut gehalten.

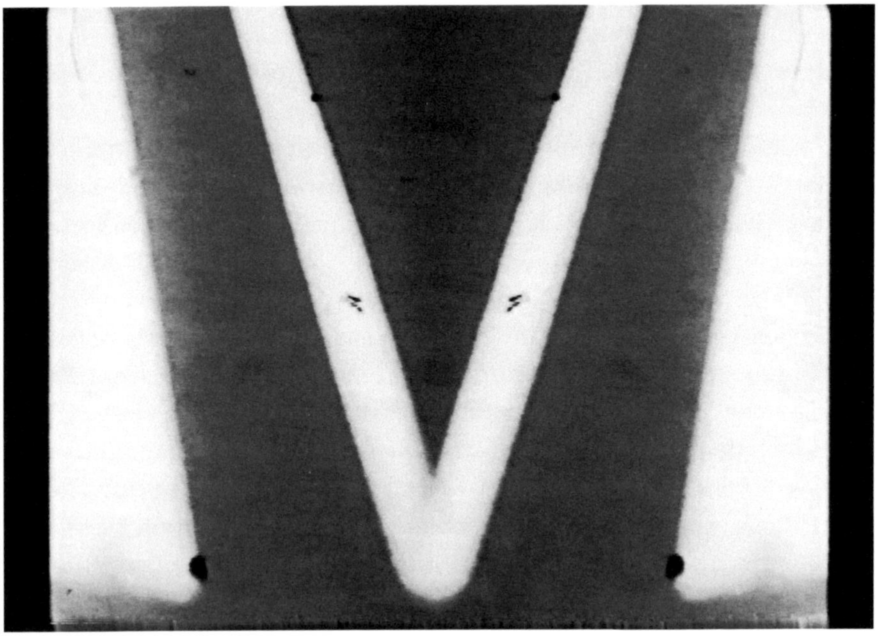

Ants, 1989

Es gibt um die 2800 Termitenarten. Überall, wo es in den tropischen Regionen Holz, Wurzeln, Dornen oder irgendwelche Gräser gibt, finden sie unerschöpfliche Vorräte an Nahrung. Termiten sind in der Regel fast blind, und so meiden sie das Tageslicht. Sie verbringen ihren Tag in selbst angelegten Zementbauten. Diese Bauten können aus der Erde herausragen oder in Bäumen auf Ästen angelegt sein. Sie haben ein Durchlüftungssystem, das ein in etwa gleichbleibendes Klima garantiert. Die aus der Erde herausragenden zylindrischen oder pyramidenförmigen Zementbauten prägen die Landschaft, im Extremfall können sie sechs Meter hoch sein. Zahlreich nebeneinanderstehend erinnern sie an bretonische Druidendenkmäler.

Der Zement der Termitenbauten ist von herausragender Qualität und wurde zu Beginn der Kolonisierung Afrikas und Australiens immer wieder für den Bau von Straßen und Häusern benutzt. Seine spezielle Qualität bekommt er durch die Bautechnik der Termiten: Sie bauen ihre Pyramiden von innen nach außen. Der Grundstoff – Lehm – wird von den Arbeitern zerkaut und mit Körpersäften vermengt. Ständig arbeiten sie von innen am Ausbau des Nestes und halten die Innenwände feucht, während von außen die Sonne den Zement trocknet. So entsteht ein spezielles Kleinklima um die Hügel, das es an manchen Stellen ermöglicht, dass Bäume auf den Hügeln wachsen. Der Witz dabei ist, dass die Termiten, die sonst jedes Holz zermahlen, das sie finden können, ihre „Hausbäume“ in Ruhe lassen.

Innerhalb der Bauten haben Termiten eine strenge Arbeitsteilung entwickelt. Es gibt ein Königspaar, Arbeiter, Soldaten und Geschlechtstiere. Die Arbeiter sind für die Nahrungsbeschaffung, für die Verteilung der Nahrung im Nest und den Nestbau zuständig. Die Soldaten für die Verteidigung, das Königspaar für das Eierlegen und die Geschlechtstiere für die Entstehung neuer Termitenstaaten.

Am Anfang einer Termitengesellschaft stehen die geflügelten Geschlechtstiere. Wenn sie ausgeflogen sind, paaren sie sich. Allerdings beginnen mit diesem Hochzeitsflug auch die Gefahren des Termitenlebens – schließlich sind sie beliebte Vogelnahrung. Überleben sie den Flug, verlieren sie ihre Flügel und graben sich selbst in einer Grabkammer ein. Anfangs ist sich das Paar ähnlich, bis die Königin zu einem langen dicken Legeschlauch wird und 30 Eier pro Minute legt. Aus denen entwickeln sich alle anderen Termiten, die den Staat aufrechterhalten und das Nest ausbauen. Der König bleibt klein, aber immerhin am Leben. Das unterscheidet Termiten von Bienen und Ameisen, bei denen das Männchen stirbt und nur die Königin weiterlebt. Der kleine König muss die „Legebatterie“ Königin immer wieder neu befruchten. Termitengesellschaften können unter einem Königspaar, das zwischen sieben und zwölf Jahre alt werden kann, zu bis zu drei Millionen Tieren heranwachsen.

Wehrhafter gegen Ameisen sind sie damit aber immer noch nicht geworden. Sie bleiben weiße, nackte Eiweißmahlzeiten. Ihr Erfolgsrezept gegen Feinde ist die Kommunikation. Termiten bewachen ununterbrochen die Eingänge, Ritzen und Lüftungsschächte ihrer Nester. Bemerkt einer der Wächter eine Ameise, schlägt er umgehend Alarm, indem er mit seinem Soldatenkopf und seinen mächtigen Kiefern auf den Boden klopft. Und genau solches Klopfen auf Gegenstände wird allgemein als der Beginn der akustischen Kommunikation in der Evolution angesehen.

Durch das Klopfen alarmiert, erscheinen weitere Soldaten und bilden eine Front klappernder Kiefer, die versucht, die Ameise beißend zu zerlegen. Schaffen es Ameisen aber, diesen ersten Verteidigungswall zu durchbrechen, stoßen die Soldaten einen hellen vibrierenden Ton aus, der das ganze Nest erfasst. Woraufhin die Arbeiter beginnen, alle Gänge hinter den Soldaten zuzumauern. Die Soldaten werden dadurch zwar geopfert, die Ameisen aber ausgeschlossen. Ist der Ameisenangriff vorüber, beginnen die Arbeiter sofort mit den Reparaturarbeiten. Das geschieht so schnell, dass sie selbst von menschlichen Forschern in die Nester geschlagene Löcher von Backsteingröße in einer Nacht wieder repariert und zugemauert hatten.

Der Pfiff spielt aber auch außerhalb des Termitenbaues eine Rolle. Wenn draußen nachts manche Termitenarten in kilometerlangen Linien, deren Vorbeimarsch an einem bestimmten Ort fünf bis sechs Stunden dauern kann, nach Nahrung suchen, springt von Zeit zu Zeit einer der Soldaten auf eine Anhöhe. Hat er einen Feind wie ein Erdferkel wahrgenommen, stößt er einen Pfiff aus. Sofort beschleunigt der gesamte Trupp seine Schritte.

Die Beschleunigung kann nicht nur in einer Richtung erfolgen, sie kann auch in einen scheinbar krampfhaft zuckenden Tanz übergehen, der alle Termiten erfasst und stundenlang dauern kann. Die Verwirrung für Feinde wie menschliche Beobachter beim Anblick dieser kollektiven Epilepsie zählen viele Biologen zur Erfolgsstrategie der Termiten. Den Tanz hat man auch im Labor immer wieder beobachtet, wenn man die Glasröhren, in denen man die Termiten hält, geschüttelt oder plötzlich belichtet hatte.

In der älteren Literatur wird er oft als Liebestanz bezeichnet, weil er im Nest regelmäßig den Ausflug der Geschlechtstiere begleitet. Ob es sich dabei tatsächlich um einen Liebestanz handelt, wird wahrscheinlich nie genau zu sagen sein. Sicher ist aber: Der Tanz hat etwas mit Aufregung zu tun, und die Aufregung verbreitet sich über die ganze Kolonie. Und deren Kommunikationsnetz bildet den Grund für den Erfolg der Termiten in der Evolution.

Sozial sind sie nur geworden, weil sie ihre Nahrung, das Holz, nicht allein verdauen können. Über 300 in ihrem Darm lebende Einzeller helfen ihnen, die Zellulose aufzuspalten. Viele dieser Einzeller gibt es nur in Termiten. Neugeborene Termiten haben aber keine Einzeller im Darm, sie müssen sie von den Alten bekommen. Diese Übertragung geschieht von Mund zu Mund. Weil dieser Prozess wesentlich schneller in sozialen Verbänden geht, als wenn die einzelnen Tiere sich immer erst suchen müssten, wurden die Termiten sozial.

Im Laufe ihrer Evolution haben es manche Termitenarten auch geschafft, zu Pilzzüchtern zu werden. Diese Tiere züchten in ihren Bauten Pilze, die ihnen dabei helfen, die Nahrung chemisch aufzuschließen – ein Prozess, den man nur in einem natürlichen Nest studieren kann. Wer also im Wettlauf um den Biosprit Termiten nutzen will, kann sie nicht in einem Labor-Terrarium versklaven – und einzeln oder in kleineren Gruppen schon gar nicht. Die sozialen Termiten brauchen ihren Staat.

Wespen — Den Wespen geht es in heißen Sommern gut, zumindest den sogenannten staatenbildenden Wespen. Die trockene Hitze hat ihre Nester so groß wie selten werden lassen. Wahrscheinlich werden manche von ihnen schon jetzt von 7000 und mehr Wespen bewohnt und die Nester selbst größer als ein Basketball sein. Und weil die Hitze um die Mittagszeit die Parklandschaften schön still hat werden lassen, konnte man ein paar Wespen auch beim Verarbeiten ihres Nestmaterials zuhören. An den Rändern einer besonders verrotteten Parkbank hatte es plötzlich merkwürdig mechanisch und sehr leise zu knacken begonnen. Für den gleich zu erwartenden Zusammenbruch der Bank war das Geräusch zu unaufgeregt und das Knacken zu gleichmäßig. Irgendwann hatte man dann aber die Geräuschquelle entdeckt: Es waren drei Wespen, die das morsche Holz langsam, aber sicher in einen anderen Zustand überführten.

Die zu den Papierwespen zählenden Gemeinen –, Deutschen – und Sächsischen Wespen, die drei Wespenarten, die man als „Wespen" kennt und die in der Nähe von Häusern oder in diesen nisten, stellen ihr Nestmaterial selbst her. Dafür kauen sie trockenes Totholz und vermischen es mit Speichel, bis eine gräuliche Papiermasse entsteht. Wobei die Farbe abhängig von der Herkunft der zerkauten Holzfasern variieren kann. Die zwischen gelblich- bis rötlichbraune, streifig heller und dunkler gemusterte Färbung z. B. der Nester der Gemeinen Wespe hat ihren Grund in den jeweils unterschiedlichen Holzmaterialien, die die Wespen verarbeitet haben. Und da sie eigentlich ständig an ihrem Nest arbeiten, sind die Nester in guten Wespenjahren in der Regel auch größer als in feuchten und kalten, also schlechten Wespenjahren.

Bevor die Wespen aber so zahlreich werden konnten wie jetzt, haben sie sich langsam und mühsam vermehrt. Denn ihre Nester sind stets nur für dieses eine Jahr gebaut. Im Winter, wenn bis auf die befruchteten Weibchen alle anderen Wespen gestorben sind, zerfallen die aus hauchdünnen Papierwänden gebauten Nester wieder. Dabei ist der Anfang alles andere als leicht.

Im April oder Mai verlässt die Jungkönigin ihr Winterquartier und frisst zuerst auf Wiesen den Nektar z. B. blühender Weiden. Drei Wochen später macht sie sich auf die Suche nach einem geeigneten Nistplatz. Gemeine Wespen bevorzugen dafür dunkle, versteckte Orte wie unterirdische, verlassene Mäusenester oder entlegene Ecken in Gebäuden. Zuerst baut sie nur zehn bis zwanzig Brutzellen, in die sie jeweils ein Ei legt und mit demselben Papier verschließt. Sind die Larven geschlüpft, geht sie auf Insektenjagd. Vor allem Fliegen werden dabei in manchmal rasenden Flugmanövern ergriffen, mit dem Stachel getötet und dann zerkleinert.

Ein paar Wochen nach dem Nestbaubeginn schlüpfen aus den Larven die ersten Arbeiterinnen, deren Geschlechtsorgane in Folge der Mangelernährung durch die überforderte Königin zurückgebildet sind. Wenn das Wespenvolk genügend Arbeiterinnen hervorgebracht hat, um die Versorgung des Volkes zu sichern, stellt die Königin alle anderen Tätigkeiten ein und legt nur noch Eier. Das Nest wird dabei stetig erweitert. Die Hülle immer wieder abgebrochen und dem neuen Umfang angepasst. In den unterirdischen Nestern sind dann einige Arbeiterinnen nur mit dem Ab- und Wegtragen von Erde beschäftigt. Durch die zunehmende Größe hat sich die Ernährungslage so weit verbessert, dass immer mehr vollentwickelte Weibchen aus den Larven hervorgehen. Da noch keine Männchen da sind, legen sie unbefruchtete Eier. Wie bei allen Hautflüglern wachsen auch bei Wespen die Männchen in den unbefruchteten Eiern heran. Etwa Anfang August haben die Wespenstaaten eine solche Größe erreicht, dass die Tiere in Biergärten und

Waspinator, 2022

Bäckereien zu nerven beginnen. Aggressiv werden sie aber auch nur, wenn man sie anpustet oder hektisch nach ihnen schlägt. Und richtig angriffslustig werden sie erst, wenn man ihren Nestern zu nahekommt oder darin herumstochert. Wobei es völlig unsinnig ist, oberirdisch frei sichtbare Nester zu zerstören, egal ob außen an Gebäuden oder auf Terrassen. Solche auffallend länglichen Nester beherbergen meistens die völlig harmlose Sächsische Wespe. Selbst in der Nähe ihres Nestes kann man sie stundenlang ohne die geringste Belästigung beobachten.

Wenn die Wespennester in Ruhe gelassen worden sind, erreichen sie Anfang September ihre größte Stärke. Dann paaren sich die Männchen mit den jungen Weibchen und sterben kurz danach. Mit der weniger werdenden Nahrung gehen im Herbst auch die alte Königin und alle Arbeiterinnen zugrunde. Nur jung verpaarte Weibchen haben genug Fettreserven, um in einem Mäusebau oder hinter einer Baumrinde den Winter zu überstehen. Viele von ihnen werden allerdings bereits im Winter von Vögeln und anderen Feinden gefressen.

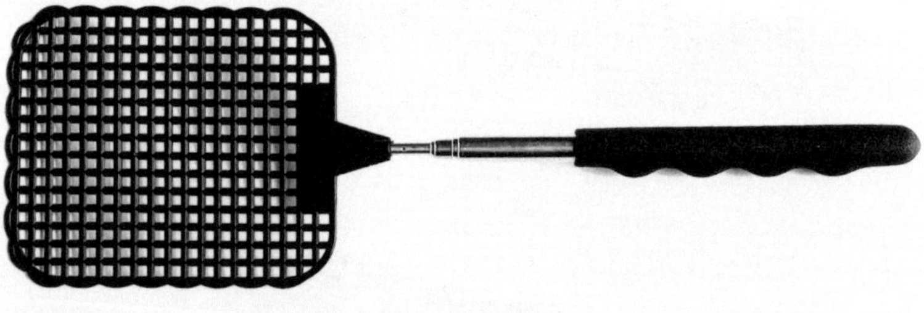

No Dancing, 2022

Rote Feuerameise – Es war nur ein kleiner Schritt mit dem linken Bein vom Asphalt in den grünen Rand an der Brücke, die die Landmassen von Südtexas mit der Insel South Padre Island verbinden, mit allerdings langanhaltenden, nicht nur mentalen Erinnerungen. Das Brennen, dass dann nach ein paar Sekunden den linken Unterschenkel befiel und auch von innen zu verglühen schien, war von der Art, dass man die einzige Lösung in der sofortigen Entfernung dieses Beines selbst sah, sei es durch Abhacken oder Ausreißen. Ich war in das Nest von roten Feuerameisen getreten und die hatten, wehrhaft wie sind, zurückgestochen und gebissen und dabei ihr äußerst wirksames Gift auf und unter die Haut gejagt.

Und auch wenn der Schmerz relativ schnell nachließ, nach dem man die Biester wieder losgeworden war, tauchten in der Folge doch die heftigsten Vernichtungsfantasien gegen diese Tiere auf, von denen das Ertränken in Tsunami-Unwettern noch die harmloseste war. Das fiel mir wieder ein als Hurrikan Harwey gerade auch diese Regionen in Texas heimgesucht hatte. Vielleicht, so ging die ressentimentgeladene Hoffnung, hätte Harwey wenigstens ein paar dieser Feuerfurien in seinen Verwüstungen mit in die ewigen Jagdgründe genommen. Eine Hoffnung, die sich als sehr kurzfristiges Rachevergnügen herausstellte, als mit den ersten Überschwemmungsbildern auch gleich Bilder von auf den Wassermassen vor sich hin wabernden, rötlich schimmernden und gut schwimmenden Feuerameisenvölkern zuerst durch die amerikanischen und dann weltweiten Medien gingen. Notwendig waren die Filmsequenzen auch deshalb, weil man so im Wasser sich bewegende Menschen davor warnen wollte, diese schwimmenden Ameisenhaufen anzufassen.

Feuerameisen schaffen es offenbar, sich in ihren unterirdischen Nestern so schnell zu organisieren, dass sie ihre Eier und Larven mitsamt der Königin aus den unterirdischen Gängen tragen und oben auf einem neuen schwimmenden Nest, gebildet aus Mengen von Ameisen, platzieren und auch schwimmend versorgen und hin- und hertragen. Mit welchem Code- und wahrscheinlich auch Einsatzbefehlssystem sie das genau machen, ist immer noch nicht in allen Einzelheiten verstanden. Sicher ist mittlerweile nur, dass die Ameisen äußerst zählebig sind und dass der unter amerikanischen Insektenforschern verbreitete

Slogan „von Feuermeisen lernen, heißt siegen lernen" auch nach Harwey seine Gültigkeit nicht verloren hat.

Dabei war der Hurrikan nicht die erste Schlacht, die die Feuer–ameisen überstanden, seit sie um 1944 aus dem brasilianischen Pantanal auf einem Schiff in den Süden der USA eingeschleppt worden waren. Die Ameisen verbreiteten sich so schnell und so unüberspürbar, dass die Regierung zu dem Mittel griff, das sie bis heute in den USA immer einsetzt, wenn es darum geht, ein Übel zu bekämpfen: Sie erklärten den Ameisen den Krieg. Von 1957 bis 1977 ließ das Landwirtschaftsministerium die Südstaaten mit Kampfbombern aus dem II. Weltkrieg mit einem Insektengift besprühen und vergiftete vor allem die einheimischen Ameisen, nur eben die roten Feuerameisen nicht. Denen ging es, auch weil ihnen mit dem Verschwinden der einheimischen Ameisen jede Konkurrenz fehlte, nach dem Krieg besser als je zuvor. Wobei in diesem Fall schon ein Blick auf den wissenschaftlichen Namen der Ameisen hätte helfen können: *Solenopsis invicta*, die Unbesiegbare, heißt sie nämlich und dieser Name, so weiß man jetzt, ist nicht aus nominalistischer Willkür geboren, er spricht die Wahrheit über die Ameise aus. Was auch die Regierung registrierte und sich in ihrer Rhetorik spiegelt. Wollte man am Anfang die Ameisen noch „ausrotten", so sprach man nach den als „Vietnam der Insektenkunde" in die Geschichte eingegangenen, verlorenen Schlachten nur noch von der „Kontrolle" der Ameisenpopulationen. Heute ist auch von Kontrolle keine Rede mehr, aktuell will man die Ameisen nur noch „managen". Aber wie dem auch sei, eines der spannenden Produkte der Ameiseninvasion in den USA ist, dass die Feuerameisen zu den bestuntersuchten Tieren überhaupt zählen. So kennt man auch den bisher effektivsten Feind der Ameisen, die Raubwanze *Acanthapsis concinnula.* Diese Wanze rechnet von vornherein mit der Wehrhaftigkeit und den Kommunikationsmitteln der Ameisen. Sie liegt am Rand der Ameisenwege, isoliert und tötet immer nur eine Ameise, der sie ihr Blut aussaugt. Dann packt sie den ausgesaugten Körper der Ameise auf ihren Rücken und befestigt ihn dort. Mit der Zeit von vielen Ameisenkörpern bepackt, ist die Wanze schließlich gut getarnt und lockt mit den toten Körpern auch immer wieder neue Feuerameisen an.

Study, 2022

Zitteraal, 2022

Zitteraal – Der Kampf, den Alexander von Humboldt und sein Freund, der französische Botaniker Aimé Bonpland, zwischen Pferden und Zitteraalen im März 1800 in der Nähe der venezolanischen Stadt Calabozo inszenierte, ist als *The Combat with Electric Eels* zu einem klassischen Bestandteil des „Nature Writing" geworden. Wobei „Nature Writing" für eine spezifisch angelsächsische Form des Schreibens über Naturphänomene steht, die in den letzten Jahren auch hierzulande einige Aufmerksamkeit erlangte. Klassische Nature Writer wie Henry David Thoreau und Charles Darwin schätzten an Humboldts Zitteraalen aber nicht die zu romantischen Empfindungen anregenden schönen Adjektive, von denen sich Humboldt so fernhielt, wie er auch nie die Nähe zum deutschen Idealismus suchte, sondern den Realismus seiner Beschreibungen. Eines Realismus, der auf einer Mischung von Empirie und Theorie beruhte, und sich nie anmaßte, zwischen hoch- und minderwertigen Quellen zu unterscheiden, und eigene Beobachtungen und Experimente ebenso kritisch prüfte, wie er indigene Erzählungen ernst nahm.

Für die Nature Writer der Gegenwart kam im Fall der Zitteraale noch hinzu, dass die etablierte, betrieblich organisierte Wissenschaft Humboldts Beschreibung im besten Fall skeptisch las, im Normalfall aber als lächerlich abtat. Das änderte sich erst 2016 als Kenneth Catania von der Vanderbilt University in Nashville in einem Fachblatt eine Studie veröffentlichte, die mit Humboldt vergleichbare Ergebnisse lieferte. Nach Catanias Studie waren Zitteraale in der Lage, aus dem Wasser zu springen und gezielt Stromstöße gegen in ihre Reviere eindringenden größeren Säugetiere „abzufeuern" und sie damit zu verstören bzw. zu vertreiben. Im Extremfall auch zu betäuben oder – seltener – auch zu töten.

Berichte über Todesfälle von Mauleseln, die, von den Entladungsschlägen der Zitteraale „betäubt und sinnlos niedergeworfen", in der Furt eines Baches ertrunken waren, waren dann auch der Ausgangspunkt von Humboldts Experiment mit den Pferden und Mauleseln. Bonpland und Humboldt wollten in ihrem Haus unbedingt einen lebenden Zitteraal beobachten und das wurde schwierig. Tote Fische konnten sie massenhaft bekommen. Nur lebend wollte sie ihnen niemand bringen. Dabei waren die Zitteraale so häufig, dass man sich die Flüsse so voll vorstellen muss, wie es andere Amazonasreisende im 19. Jahrhundert von den Kaimanen, den Krokodilen Amazoniens, und Piranhas beschrieben haben. Sie lagen so dicht im Wasser nebeneinander, dass man sich schon fragen konnte, wo das Wasser noch Platz hatte. Während man Piranhas und Kaimane aber sehen konnte, waren die Aale, besonders wenn man sie jagen wollte, so geschickt darin, sich im Schlamm zu vergraben, dass man sie auch mit Netzen nicht lebend fangen konnte.

Deshalb war Humboldt ganz Ohr, als ihm die Indigenen empfahlen, die Aale mit Pferden zu fangen. Dafür trieben die Indianer einige Pferde und Maulesel in einen sumpfigen, von Bäumen umstellten Teich. Was dann geschah, sei mit Worten nur unzulänglich zu beschreiben, meinte Humboldt. Zum einen war da das Geschrei der Indigenen, die die Pferde immer wieder ins Wasser zurücktrieben, und zum anderen das Wiehern der Pferde, die den Stromschlägen entkommen wollten, was auch mehr als verständlich war. Denn die Fische waren nicht nur aus dem Wasser gesprungen, um ihre bis zu 800 Volt erreichenden

Spannungsschläge über den ganzen Körper der Pferde zu verteilen. Sie hatten sich auch eng an die Pferdekörper geschmiegt, wenn diese ohnmächtig ins Wasser gefallen waren, um sie noch mehr zu befeuern. Nachdem bereits Pferde gestorben waren, beendet Humboldt den Spuk, allerdings nicht ohne zu versichern, dass bei Menschen kaum Lebensgefahr besteht, weil die Aale uns in der Regel nur an den Armen und Beinen treffen und nicht im zentralen Körper- und Bauchgebiet.

Ein Trost, der 2019 aber einen leichten Dämpfer erfahren hat. Forscher um C. David de Santana vom Smithsonian Institute in Washington veröffentlichten damals mehrere Studien, die belegen, dass die Zitteraale Amazoniens nicht nur aus einer Art bestehen, wie man bisher annahm, sondern aus drei Arten. Und eine dieser Arten, *Electrophorus voltai*, erreicht eine Spannung von 860 Volt, was so etwas wie ein Weltrekord im Tierreich ist. Allerdings ist trotz der hohen Spannung die Stromstärke nicht so, dass sie Menschen direkt gefährlich werden kann.

Gott sei's geklagt, 2005

Tupajas – Liebe auf den ersten Blick kann auch über den Geruch vermittelt werden. So sieht es jedenfalls bei Tupajas aus, wenn sich ein Paar vom ersten Augenblick seines Zusammentreffens füreinander entschieden hat. Tupajas sind kleinere, olivgraue bis rostbraune Säugetiere, die in den Wäldern und Obst- und Kokosnussplantagen Süd- und Südostasiens häufig sind. An Eichhörnchen mit einer langen spitzen Schnauze erinnernd, woher der deutsche Name Spitzhörnchen kommt, sind sie im Verhalten und ihrem zwischen Baum und Boden changierenden Leben Eichhörnchen tatsächlich ähnlich. Spitzhörnchen ernähren sich hauptsächlich von Insekten und Würmern, können aber auch Mäuse und Spatzen fangen und aufessen. Neben tierischer Nahrung mögen sie auch Obst und andere Pflanzen.

Und auch wenn man bis heute wenig über ihr Verhalten im Freiland weiß, ist immerhin bekannt, dass sie in Paaren mit ihrem jüngsten Wurf in Revieren leben, die sie äußerst aggressiv gegen andere Paare verteidigen. Weil sie aber ihre Revieransprüche in den Plantagen gegenüber den Wäldern extrem verkleinern können, gehören sie zu den Tieren, die die allgemeine Waldzerstörung z. B. auf Borneo zumindest überleben konnten, ohne ganz zu verschwinden. Aber auch schon vor den immer rasenderen Waldrodungen nicht nur in Asien hielten Tupajas ihre Populationen relativ konstant. Was bei Tieren, deren Paare alle 45 Tage zwei bis drei Junge zur Welt bringen können, die dann im Alter von drei Monaten selbst erwachsen sind und sechs bis acht Jahre alt werden, schon erstaunlich ist, weil auch noch hinzukommt, dass Tupajas kaum nennenswerte Fressfeinde haben.

Den Grund für die relative Konstanz der Populationen fand man Labor und er ließ Tupajas besonders in den 1960er und 1970er Jahren zu Modellorganismen der Stressforschung werden. Denn wenn die Jungen erwachsen geworden sind, werden sie sehr aggressiv von ihren Eltern vertrieben. In den dichtbesiedelten Plantagen irren dann wesentlich zahlreicher als die Verpaarten einzelne Männchen und Weibchen umher und werden von allen Paaren heftig attackiert. Solchen Attacken kann man nur ausweichen, wenn man es schafft, mit einem Partner ein neues Revier zu gründen.

Unterlegenheit führt bei Tupajas auch bei ausreichender Nahrung zu einem starken Verlust an Körpergewicht, in dessen Folge die Tiere innerhalb weniger Tage ins Koma fallen und sterben. Dabei ist es einfach schon der bloße Anblick der Sieger, der die Verlierer nach dem Kampf sterben lässt. Trennte man Verlierer und Sieger nach dem Kampf durch eine undurchsichtige Trennwand, dann erholte sich der Verlierer ebenso schnell wie der Sieger. Trennte man beide aber nur durch eine Gitterwand, durch die der Verlierer den Sieger sehen konnte, traten die eben beschriebenen Symptome auf. Ein unterlegenes Tupaja konnte also an der andauernden Angst vor einem bedrohlichen Artgenossen sterben.

Das war, als der Verhaltensphysiologe Dietrich von Holst diese Ergebnisse veröffentlichte, eine Sensation, die einen Zugang zu menschlichen Stresssymptomen am Tiermodell versprach.

Hilfreich war dabei auch, dass wahrscheinlich kein lebendes Säugetier dem Urprimaten so sehr in Verhalten und Aussehen glich, aus dem sich, beginnend vor 60 Millionen Jahren, Affen und Menschen entwickelten.

Und natürlich spielte es auch eine Rolle, dass Tupajas in Paaren lebten und nicht in promisken Affengesellschaften. Die Paare hatten es aber in sich. Tupajas lassen sich nämlich nur schlecht züchten, weil sie überaus wählerisch sind. Nur etwa ein Fünftel aller zusammengesetzten Tiere bildeten das, was man ein harmonisches Paar nennen sollte. Alle anderen bekriegten sich oder vegetierten als Paar in Disharmonie vor sich hin. Die sich mögen, mögen sich aber auf emphatische Art. Die Tiere beschnuppern sich ausgiebig, markieren sich gegenseitig und zeigen das, was die Forschung „Begrüßungslecken" nennt. Einer der beiden hält dabei der anderen die Schnauze hin und lässt tropfenweise Speichel heraustreten, die sie dann aufleckt. Wenn man den Vorgang mal gesehen hat, kann man ihn aber auch einfach als „Küssen" identifizieren und küssen werden sie sich über ihr Leben jeden Tag mindestens eine Stunde.

PELZE

Christmas Gift, 2022

Abbildungsverzeichnis

Alle abgebildeten Arbeiten in *Leichtes Unbehagen. Von Menschen und anderen Tieren* sind im Dialog mit den Texten Cord Riechelmanns entstanden und wurden von Rosemarie Trockel für diese Publikation produziert oder aus ihrem Archiv ausgewählt.

Ohne Titel
("Es gibt kein unglücklicheres Wesen unter der Sonne als einen Fetischisten, der sich nach einem Frauenschuh sehnt und mit einem ganzen Weib vorlieb nehmen muss" K.K.:F.), 1991, Seite 75
Wearing Propaganda, 1996, Seite 77
Dorfidylle, 2022, Seite 79
Chicken Schultz, 2022, Seite 81
Afterlife, 2019, Seite 83
Mouse Trap, 2022, Seite 85
Tierfilme 78–90, 1990, Seite 87
Ohne Titel, 1987, Seite 90
Elsa, 2022, Seite 93
Haalo, 2022, Seite 95
Bird Poo, 2022, Seite 96
Phobia, 2022, Seite 99
Studio Visit, 2022, Seite 101
iPhone, 2022, Seite 102
Exercise, 2022, Seite 105
Laughing Hyena (Mask from Guatemala), 2022, Seite 108
Ants, 1989, Seite 112
Waspinator, 2022, Seite 117
No Dancing, 2022, Seite 118
Study, 2022, Seite 121
Zitteraal, 2022, Seite 122
Gott sei's geklagt, 2005, Seite 124
Christmas Gift, 2022, Seite 128–129
Cellar, 1988, Innenumschlag hinten
Crowd Puller, 2022, Rückumschlag

Impressum

Herausgeberin: Brigitte Oetker
Redaktion: Christiane Maria Schneider
Korrektorat: Ines Dickmann, Ginnick
Gestaltung: Lars Heller, Heller & C GmbH
Lithografie: DZA Druckerei zu Altenburg GmbH
Druck: DZA Druckerei zu Altenburg GmbH

Erschienen im Verlag der Buchhandlung Walther und Franz König
Ehrenstraße 4, 50672 Köln

Bibliografische Information der Deutschen Nationalbibliothek
Die Deutsche Nationalbibliothek verzeichnet diese Publikation in der
Deutschen Nationalbibliografie; detaillierte bibliografische Daten sind über
http://dnb.d-nb.de abrufbar.

Printed in Germany

Vertrieb:
Buchhandlung Walther König
Ehrenstraße 4
50672 Köln
Telefon +49(0)221/20 59 653
verlag@buchhandlung-walther-koenig.de

ISBN 978-3-7533-0367-3

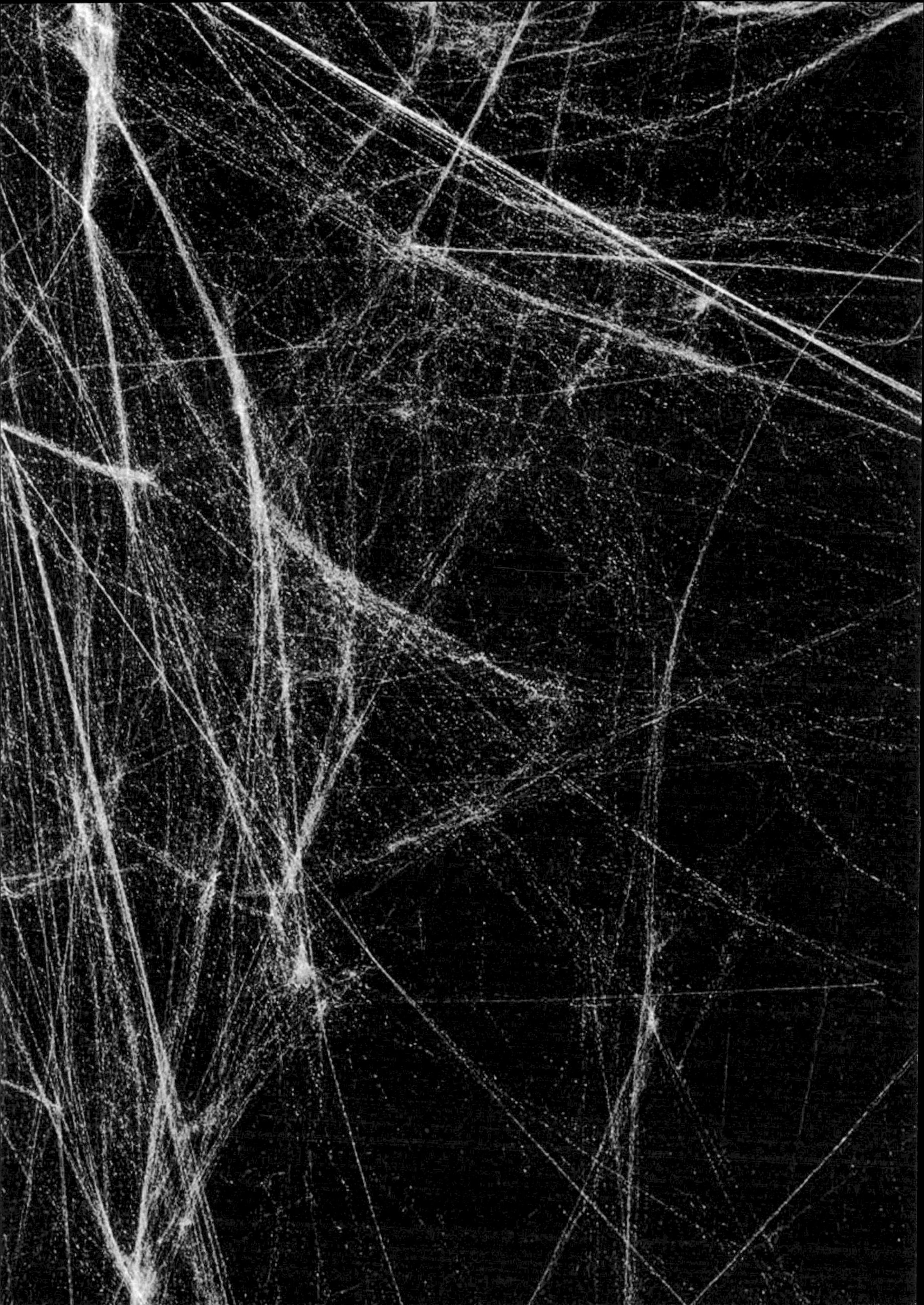